Midjourney 生成几何化的风景

Midjourney 几何化色块重绘生成喀纳斯风格

Midjourney 几何化色块重绘生成黄山云雾

Midjourney 融合印象派超现实主义和新表现主义的海岸日落场景

Midjourney 东西艺术融合的戏剧性极简山水场景

Midjourney 生成真实的合成场景

Midjourney 场景扩图

Midjourney 莫奈风格的展厅设计

Midjourney 太阳神鸟主题 VR 展厅

Midjourney 太阳神鸟主题 VR 场景

长着翅膀的马

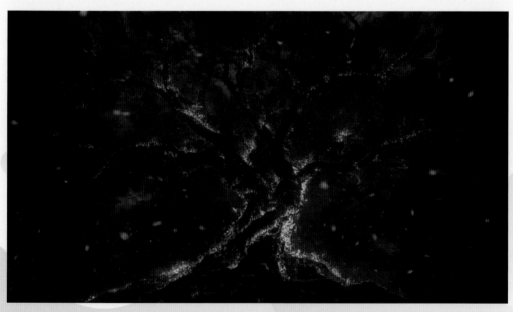

燃烧着火焰的树

人脸与汽车"拼接"

猫头鹰与一座城堡"融合"

人工智能与创意设计

卢文军　主编

清华大学出版社

北京

内容简介

本书系统阐述了人工智能生成内容(AIGC)在创意设计领域的理论基础与实践应用。全书分为9章,从 AIGC 的基本理论入手,深入探讨了文本创作、视觉设计、图像处理、音视频创作等领域的 AI 应用技术。本书通过对主流工具的深入解析,以及设计思维与 AI 融合创新的探讨,全面展现了 AIGC 重塑设计行业的新范式。

本书理论与实践并重,书中选取了众多企业的 AIGC 应用实践,展现了设计行业在智能化转型中的创新成果。同时注重培养跨界思维和伦理意识,引导读者思考 AI 时代设计师的角色定位。希望通过系统化的内容体系,帮助读者在智能时代的创意领域找到新的发展方向。

本书主要面向职教本科、高职院校和应用型本科设计专业的学生,同时适合创意行业从业者参考。

图书在版编目(CIP)数据

人工智能与创意设计 / 卢文军主编. -- 北京:清华大学出版社,2025. 2.
ISBN 978-7-302-68425-1

Ⅰ. TP18

中国国家版本馆 CIP 数据核字第 202581EB33 号

责任编辑:王剑乔
封面设计:刘　键
责任校对:刘　静
责任印制:宋　林

出版发行:清华大学出版社
　　　　网　　　址:https://www.tup.com.cn,https://www.wqxuetang.com
　　　　地　　　址:北京清华大学学研大厦 A 座　　　邮　　编:100084
　　　　社 总 机:010-83470000　　　　　　　　　　邮　　购:010-62786544
　　　　投稿与读者服务:010-62776969,c-service@tup.tsinghua.edu.cn
　　　　质量反馈:010-62772015,zhiliang@tup.tsinghua.edu.cn
　　　　课件下载:https://www.tup.com.cn,010-83470410
印　装　者:三河市君旺印务有限公司
经　　　销:全国新华书店
开　　　本:185mm×260mm　　　印　张:10.5　　插　页:3　　字　　数:242 千字
版　　　次:2025 年 2 月第 1 版　　　　　　　　　印　　次:2025 年 2 月第 1 次印刷
定　　　价:49.00 元

产品编号:109736-01

序 言

随着中国人工智能（artificial intelligence，AI）大模型的崛起，AI 将会重塑产业格局，如何培养适应社会变革的复合型人才是职业教育院校必须直面的课题。卢文军老师编写的《人工智能与创意设计》正是一份来自教学一线的扎实回应。

与卢老师的合作始于东华大学陈庆军教授发起的"全国联合毕业设计"项目。面对学校"学用脱节"的困境，他带着职教人的务实精神，多次深入企业，将真实的产品创意需求转化为教学案例。书中 AI 工具的实操细节、对创意设计落地的难点剖析，甚至师生争论的"未解之题"，皆源于师生与企业反复沟通、持续打磨，这份"把商业实践写进教案"的精神，难能可贵。

未来社会是与 AI 融合的社会，而正是这种融合的创新，更为年轻一代提供了全新的机遇。我国正在大力推行的算力、"AI＋"就是未来生产力的体现。学生们能在校园里尽早感受、体验并学会与 AI 沟通，熟练掌握主流工具的运用，将会成为创业或是就业不可或缺的技能。

本书以"工具—创意—应用"为主线，用智能制造、数字营销等真实项目引导学生从模仿走向创新。卢文军老师更在教材中大胆"留白"——那些需要学生与企业导师协作的开放性课题，恰为技术迭代留出窗口，让教育者与行业人成为解题的伙伴。

学校教材难写，难在既要紧跟技术前沿，又要具备教学普适性。作为一本 AIGC 与创意设计的基础教材，这本书并不完美，却如引玉之砖：案例来自企业实践，蕴含产教磨合的巧思……

技术浪潮奔涌不息，教材亦需持续迭代。愿此书为起点，吸引更多学者、工程师、企业家、青年学子加入，用实践沉淀共同完善教材内容。恰如卢文军老师所言："教育者不是给学生答案，而是与他们共筑一座连接课堂与市场的桥梁。"

蕴世传播集团董事长

朱培民

2025 年 2 月

前　言

　　人工智能技术的迅猛发展正在深刻改变创意设计行业。尤其是以 AIGC（生成式人工智能）为代表的生成式人工智能技术，凭借其创意生成能力，成为推动设计领域变革的重要力量。为探索培养适应智能时代的创新型设计人才的路径，我们尝试编写本书，期望能为大中专院校设计专业的学生提供一本学习参考书。

　　本书编写以《职业教育专业教学标准-2025 年修（制）订》为纲要，侧重 AIGC 技术通识教育与设计文化认知的融合培养。通过解析技术本质、探讨人机协作模式、梳理设计伦理维度三个认知层次，着力构建学生对智能技术发展的系统性理解，在夯实科学文化素养与数字技术认知能力的基础上，关注产业智能化转型对复合型人才的需求导向，引导学生建立技术伦理自觉与跨领域创新思维，为培育德技并修、具备可持续发展潜力的新时代"工匠"奠定价值根基。

　　在内容编排上，本书尝试采用循序渐进的方式，梳理 AIGC 在设计领域的发展脉络。全书分为 9 章，从基础理论到具体应用，从单一工具到跨媒体融合，内容涵盖 AIGC 的本质与进化历程、文本生成、图像创作、音视频制作、设计思维创新、工具使用方法以及伦理与法律问题等。

　　我们收集整理了一些实际项目案例，力求展现企业在 AIGC 应用方面的探索实践，并适当介绍国际经验以开阔学生视野。在教学设计上，采用模块化、项目化的形式，供教师参考和灵活调整。每章都设置了练习与思考，期望能助力培养学生的实操能力、批判性思维和创新意识。

　　本书也试图探讨 AI 设计中的版权保护、隐私安全、算法公平等伦理议题，期望能为学生树立正确的职业道德观提供一些启发。由于 AIGC 技术发展迅速，本书某些技术内容必然会随着时间的推移而变得滞后，恳请读者保持持续学习的态度，在掌握基础理论的同时，积极关注行业动态，不断更新知识储备。同时也诚挚期待各位专家同行对本书提出宝贵意见，帮助我们在后续版本中不断改进完善。

　　衷心希望本书能为同学们了解和探索 AIGC 设计提供些许参考，在人工智能与创意设计的融合发展中找到自己的方向。让我们共同探索 AIGC 创新的可能性，为推动中国设计教育的创新发展贡献绵薄之力。

编　者

2025 年 1 月

在这个 AIGC 技术快速发展的时代,我们尝试编写这本《人工智能与创意设计》,期望能为大中专院校设计专业的学生提供一些学习参考。下面简要介绍本书的结构安排和使用建议,以期帮助大家更好地规划学习路径。

整体结构

本书分为 9 章,按照循序渐进的思路分为以下 3 个模块。

基础认知模块(第 1、2 章)主要介绍 AIGC 的基本概念和发展历程,以及 AI 文本生成技术的应用。建议同学们在学习时,尝试将这些新知识与已掌握的设计理论建立联系。

实践应用模块(第 3~7 章)是本书的核心内容。第 3、4 章探讨 AIGC 在视觉设计和图像处理中的应用,介绍 Midjourney、Stable Diffusion 等工具的使用方法;第 5 章关注音视频创作;第 6、7 章讨论 AI 与设计思维的结合。建议采用"理论结合实践"的方式,在学习过程中多加练习。

前沿探索模块(第 8、9 章)包括实践指南和伦理法律探讨。第 8 章提供工具操作建议,第 9 章探讨 AI 创作中的规范问题,以期帮助建立正确的职业认知。

教学特点

本书注重实践性,每章都结合实际项目设计了案例和练习。同时尝试培养跨界思维,通过不同领域的案例启发思考。

学习建议

建议先按章节顺序进行学习,在理解基础概念后再尝试实践。保持开放的学习态度,关注跨领域知识的融合,同时注意培养伦理意识。

配套资源

我们提供了一些线上学习资源,包括工具指南、案例分析和练习作业。同时建立了交流平台,方便同学们分享经验。

温馨提示

AIGC 终究是辅助创作的工具,而非替代人类创造力的方案。希望同学们在掌握技术的同时,也能保持对设计本质的思考。我们期待本书能为大家探索智能时代的设计之路提供一些帮助。

让我们共同探索 AI 与创意设计的融合之路。在这个充满机遇与挑战的新时代,期望这本书能为大家的学习提供一些参考,助力未来的职业发展。

本书配套资源

目 录

第 1 章

创意基因：AIGC 的本质与进化

章节导语

在这个数字智能迅猛发展的时代，AIGC（AI generated content，人工智能生成内容）正以革命性的力量重塑着创意设计的版图。从简单的文本生成到复杂的视觉创作，从单一的音频合成到沉浸式的多媒体体验，AIGC 不仅在改变内容创作的方式，更在重新定义创意的本质。本章将带学生探索 AIGC 的核心原理，追溯其发展轨迹，洞察其在创意领域的多元应用，并思考它为设计行业带来的机遇与挑战。

本章将深入剖析 AIGC 的技术内核，特别是新的扩散模型（diffusion model）如何突破传统生成技术的局限，实现更高质量的创意内容生成。通过对比分析各类 AIGC 平台的特点和优势，学生将了解如何选择适合自己需求的创意工具。同时，本章也将探讨 AIGC 与传统艺术创作的深度对话，思考技术与艺术融合的新可能。

作为未来的设计师，理解并掌握 AIGC 技术将提高学生的竞争力。本章的学习不仅会帮助学生把握 AIGC 的技术脉络，更重要的是启发学生思考如何将这些新型工具融入创意实践，在人机协作中开创属于自己的设计新天地。让我们一起揭开 AIGC 的神秘面纱，探索人工智能与创意设计碰撞的无限可能吧！

学习目标

知识目标：

（1）深入理解 AIGC 的核心原理，特别是扩散模型等前沿技术的工作机制。

（2）系统掌握 AIGC 在文本、图像、音频、视频等领域的发展动态。

（3）准确认识主流 AIGC 平台的特点及其在设计领域的应用价值。

能力目标：

（1）培养运用 AIGC 工具进行创意设计的实践能力。

（2）提升在人机协作环境下的创新思维和问题解决能力。

（3）发展对新技术的学习适应能力和批判性思维能力。

素养目标：

（1）树立正确的技术伦理观，理解 AIGC 在创作中的辅助定位。

（2）培养持续学习的意识，保持对新技术发展的敏感度。

（3）建立开放包容的创新意识，勇于探索技术与艺术的融合可能。

1.1 解码 AI 创意：生成式人工智能的内核

在这个数字化浪潮汹涌的时代，AIGC 正在悄然改变我们对创意生产的认知。本节将深入探讨 AIGC 的核心原理、技术基础和应用前景，帮助读者全面理解这一革命性技术如何重塑创意产业。我们将从 AIGC 的定义出发，详细介绍其底层技术，特别是最新的扩散模型，并通过生动的例子展示 AIGC 在各个领域的应用。同时，我们也将探讨 AIGC 带来的机遇与挑战，以及它如何改变创作者的角色和工作方式。

1.1.1 AIGC：创意生产的新纪元

AIGC 全称"人工智能生成内容"，代表了一种全新的创意生产方式。它不同于传统的人工智能技术，不再只是感知、理解和决策，而是将重心放在了"生成"上——利用智能算法创造出文字、图像、声音、视频等多种形式的创意内容。AIGC 的技术基础来源于深度学习中的各种生成模型。在 AIGC 发展的早期，生成对抗网络（GAN）和变分自编码器（VAE）是两个主要的算法。这些算法就像是勤奋的学生，通过大量的"学习"和"练习"，逐渐掌握了内容的抽象特征和生成规律。在实际应用中，我们只需给出一些指示（如文字描述、关键词、参考图片等），这些算法就能按照指示生成相应的内容。这种方式不仅提高了创作效率，还为创意表达开辟了新天地。

1.1.2 扩散模型：AIGC 的"新宠"

近年来，一种叫作扩散模型的新技术在 AIGC 领域大放异彩，成为当前最先进的生成模型之一。扩散模型的工作原理很有趣，它模拟了一个双向过程：一个逐步添加"杂质"的正向过程和一个逐步"净化"的反向过程。在正向过程中，模型慢慢向原始数据添加"杂质"，直到数据变得面目全非。这就像是把一幅清晰的画作慢慢涂抹，最后变成一团模糊的色彩。而在反向过程中，模型学习如何从这团模糊中一点点还原出有意义的内容。这就像是画家从一团模糊的色彩中，一笔一笔地勾勒出清晰的轮廓，最终呈现出一幅完整的画作。扩散模型的优势在于它能创造出更高质量、更丰富多样的内容，同时训练过程更加稳定。这种优势使得扩散模型在各种 AIGC 应用中表现出色。例如，大家可能听说过的 DALL-E 3 和 Stable Diffusion 等图像生成工具，它们就采用了扩散模型的原理，能够根据文字描述生成图像。

1.1.3 AIGC 的工作原理与应用示例

让我们用一个生动的例子来理解扩散模型是如何工作的。假设我们想要一张"一只可爱的柯基犬在海滩上奔跑"的图片（图 1-1）。扩散模型首先会创造出一片"混沌"，就像是一张涂满随机颜色的画布。然后，它会根据我们的描述，慢慢地从这片混沌中勾勒出图像。它会考虑"柯基""可爱""海滩""奔跑"等关键词，确保生成的图像包含这些元素。最终，一幅生动的画面会呈现在我们眼前：沙滩上，一只短腿但活力十足的柯基犬正在海边欢快地奔跑，它的表情显得十分可爱。AIGC 的应用范围非常广泛，不仅限于图像创作，在音乐领域也大有可为。例如，当我们哼出一段简单的旋律，AIGC 就能以此为基础，通过类似的过程，创作出一段全新的音乐。这种方式创作的音乐往往连贯和谐，仿佛是由专业音乐人精心创作的作品。

图 1-1　一只可爱的柯基犬在海滩上奔跑

1.1.4　AIGC 的优势与潜力

AIGC 的魅力在于，它打破了内容创作的人力限制，使得大规模、个性化的内容生产成为可能。想象一下，在传统创作模式下，画一幅画或写一首歌可能需要很长时间。而借助 AIGC 技术，我们可以在很短的时间内生成大量的创意内容。这不仅提高了创作效率，还为个性化内容的大规模生产提供了可能。同时，AIGC 创作的开放性和不确定性，也为创意带来了无限可能。每一次生成都可能有意想不到的结果，这种"惊喜"往往能激发创作者的灵感，引导他们探索新的创意方向。在这种技术的帮助下，每个人都有机会成为内容的创作者和创新者，不再受限于传统技能的掌握程度。

1.1.5　AIGC 与人类创作者的关系

然而，我们也要认识到，AIGC 并不能取代人类创作者，而是成为创作者的得力助手。AIGC 可以帮助创作者快速实现初步构想，生成大量备选方案，但最终的艺术判断和创意决策仍需要人类的智慧。在 AIGC 时代，创作者的角色正在从"亲力亲为"转变为"指挥调度"，这要求我们具备更高层次的创意思维和审美能力。作为未来的设计师和创意工作者，深入理解 AIGC 的原理和应用，将帮助我们在这个新时代中占据先机，创造出更多令人惊叹的作品。让我们一起拥抱这项新技术，探索创意的无限可能！

1.2　技术进化论：AIGC 的里程碑时刻

AIGC 的发展历程是人工智能技术不断迭代与内容创作领域持续融合的过程。通过回顾 AIGC 的发展脉络，我们可以识别出几个重要的里程碑时刻，这些时刻不仅标志着技术的突破,也预示着内容创作范式的转变。

1.2.1　AIGC 的早期萌芽

AIGC 的故事可以追溯到 20 世纪 50 年代。1950 年,被誉为人工智能之父的艾伦·图灵在其论文《计算机器与智能》中提出著名的图灵测试,为人工智能的发展指明了方向。尽管这个时期的技术还无法实现复杂的内容生成,但为后续的发展奠定了重要的理论基础(图 1-2)。

图 1-2　《计算机器与智能》

1.2.2　深度学习与 GAN 的突破

真正的突破要到 21 世纪初。2012 年,Krizhevsky 等人提出的 AlexNet 在 ImageNet 大规模视觉识别挑战赛中取得突破性进展,标志着深度学习时代的到来,深度学习为 AIGC 的发展奠定了坚实的技术基础。2014 年 10 月,Ian Goodfellow 等人首次提出生成对抗网络(GAN)的概念,这一突破性进展为 AIGC,特别是图像生成领域带来了革命性的变化。

1.2.3　扩散模型和大语言模型的兴起

2015—2020 年,扩散模型逐渐兴起。2015 年,Sohl-Dickstein 等人提出扩散模型的早期版本。2020 年 6 月,Jonathan Ho 等人提出去噪扩散概率模型(DDPM),大幅提高了扩散模型的实用性和生成质量。这一时期,大语言模型也迎来了飞速发展。2017 年 6 月,Vaswani 等人提出的 Transformer 模型为大规模语言模型的发展铺平了道路。随后,OpenAI 相继发布了 GPT 和 GPT-3 模型,展示了大规模语言模型的巨大潜力,掀起了 AIGC 在文本生成领域的一场革命。

1.2.4　多模态生成的突破

2021—2023 年,AIGC 迎来了多模态生成的突破。2021 年 1 月,OpenAI 发布 DALL-E,首次展示了大规模文本到图像生成的能力。2022 年,Midjourney、Stable

Diffusion 和 DALL-E 2 相继问世，标志着 AIGC 正式进入大众视野。同年 10 月，Google 发布 AudioLM，展示了 AI 在长形式音频和音乐生成方面的能力。2023 年 2 月，Runway 发布 Gen-1 视频生成工具，AIGC 正式进入多模态时代。一个月后，OpenAI 发布 GPT-4，展现出更强大的多模态理解和生成能力（图 1-3）。

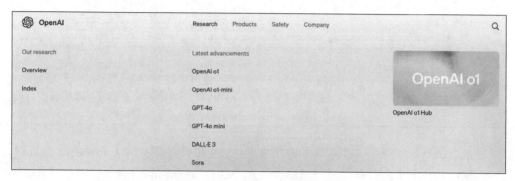

图 1-3　OpenAI 官网

1.2.5　AIGC 的深化与普及

从 2024 年至今，AIGC 继续呈现快速发展态势。多模态融合进一步深化，不同模态之间的融合更加紧密和自然，实现了文本、图像、音频和视频的无缝融合。针对不同行业和用户需求的专业 AIGC 工具不断涌现，在建筑设计、医疗诊断、金融分析等专业领域的应用不断深入。与此同时，相关部门开始制定 AIGC 作品的版权保护指南，为 AIGC 的健康发展提供法律保障。AIGC 相关课程也开始进入高校课堂，旨在提高学生的 AIGC 素养（表 1-1）。

表 1-1　AIGC 发展关键里程碑

年　份	事　件	意　义
1950	艾伦·图灵提出图灵测试	为人工智能的发展指明方向，奠定理论基础
2012	AlexNet 在 ImageNet 挑战赛中取得突破	标志深度学习时代开始，为 AIGC 发展奠定技术基础
2014	Ian Goodfellow 等人提出 GAN	为 AIGC 特别是图像生成领域带来革命性变化
2015	Sohl-Dickstein 等人提出扩散模型早期版本	扩散模型开始兴起，为后续 AIGC 发展埋下伏笔
2017	Vaswani 等人提出 Transformer 模型	为大规模语言模型的发展铺平道路
2018	OpenAI 发布 GPT 模型	展示了大规模语言模型的潜力
2020	OpenAI 发布 GPT-3	掀起 AIGC 在文本生成领域的革命
2020	Jonathan Ho 等人提出 DDPM	大幅提高了扩散模型的实用性和生成质量
2021	OpenAI 发布 DALL-E	首次展示了大规模文本到图像生成能力
2022	Midjourney、Stable Diffusion、DALL-E 2 相继发布	AIGC 正式进入大众视野
2022	Google 发布 AudioLM	展示 AI 在长形式音频和音乐生成方面的能力

续表

年　份	事　件	意　义
2023	Runway 发布 Gen-1 视频生成工具	AIGC 进入多模态时代
2023	OpenAI 发布 GPT-4	展现更强大的多模态理解和生成能力
2024	OpenAI o1 模型发布、DeepSeek V3 发布	推理能力突破性提升,开启 AI 深度认知新阶段;V3 以更低成本实现 GPT-4 级性能,推动 AI 技术平民化
2025	DeepSeek R1 发布、阿里巴巴 Qwen 2.5-Max 发布、产业深化及监管完善	R1 在专业领域创造性价比新高,中国 AI 跻身全球第一梯队;AI 技术从通用向专业化转变,行业生态更趋成熟

　　这些进展不仅体现了 AIGC 技术的快速发展,也展示了我国在这一领域的创新能力和实践应用。作为未来的设计师和创意工作者,我们要积极拥抱这些新技术,同时保持对传统文化和人文价值的敏感,在技术与艺术的交融中创造出更多优秀作品。AIGC 的发展历程告诉我们,技术创新永无止境,而每一次突破都可能带来创作方式的革命性变化。

1.3　创意产业的数字化身：AIGC 的多元应用

　　AIGC 正以令人惊叹的速度和深度渗透到创意产业的各个领域,成为推动数字创意经济发展的新引擎。从文学创作到新闻报道,从视觉设计到游戏开发,从音乐制作到影视制作,AIGC 正在这些领域掀起一场颠覆性的"内容生产革命"。这场革命不仅改变了内容的创作方式,也正在重塑整个创意产业的生态。

1.3.1　AIGC 的核心优势与创作革新

　　AIGC 技术的核心优势在于其强大的生成能力和高效的创作流程。通过深度学习算法,AIGC 工具能够理解和模仿人类创作的模式,生成符合特定风格、主题或要求的内容。这不仅大幅提高了内容生产的效率,还为创作者提供了无限的灵感来源和创意可能性。想象一下,一个作家可以在几秒内生成数十个故事大纲,一个设计师可以瞬间创造出数百种 logo 方案(图 1-4),这就是 AIGC 带来的革命性变化。

　　在文学创作领域,AIGC 工具正在成为作家的得力助手。这些工具可以根据作者设定的人物、情节、背景等要素,自动生成段落内容,辅助作家进行写作。更高级的 AI 写作助手甚至能够提供情节建议、人物塑造和文风模仿等功能,极大地拓展了作家的创作空间。例如,一位科幻作家可能会使用 AIGC 工具生成未来世界的详细描述,或者探索不同的情节发展的可能性(图 1-5)。这不仅加快了写作速度,也为作品注入了更多的创意元素。

1.3.2　AIGC 在新闻和内容生产中的应用

　　新闻和内容生产领域也正在经历 AIGC 带来的深刻变革。大语言模型已经能够根据关键信息生成基本的新闻稿件,甚至可以模仿特定的写作风格。这使得记者可以将更多

图 1-4　Midjourney 生成式工具进行 logo 设计

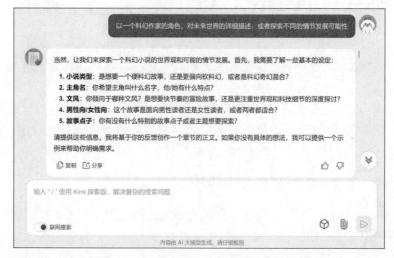

图 1-5　Kimi 生成式 AI 工具进行文本创作

精力投入深度报道和调查性新闻中，而将日常新闻的撰写交给 AI 助手。同时，AIGC 在内容摘要、多语言翻译和个性化内容推荐等方面的应用，正在重塑整个媒体行业的内容生产和分发流程。想象一下，一篇新闻报道可以瞬间被翻译成数十种语言，并根据不同读者的兴趣进行个性化呈现，这就是 AIGC 为媒体行业带来的变革。

1.3.3　AIGC 在视觉设计和游戏开发中的创新应用

在视觉设计领域，AI 图像生成工具正在成为设计师的"创意助手"。这些工具能够根据文本描述生成高质量的图像，为设计师提供丰富的创意素材和灵感来源。设计师可以使用这些工具进行快速的概念验证和原型设计，大幅缩短了设计周期。此外，AI 还在平面设计、UI/UX 设计、品牌标识设计等具体应用场景中发挥着越来越重要的作用（图 1-6）。例如，一个品牌可以使用 AIGC 工具快速生成数百个 logo 方案，然后由设计师进行筛选和优化，这大幅提高了设计的效率和创意多样性。

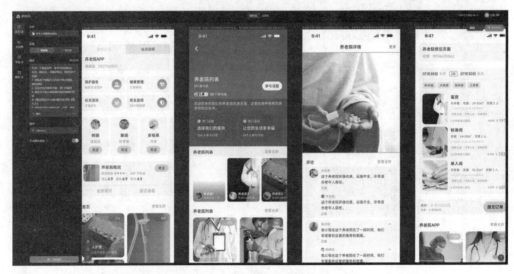

图 1-6　即时 AI 生成式工具进行 UI 设计

　　游戏开发是 AIGC 应用最为广泛和深入的领域之一。从游戏场景生成到 NPC（非玩家角色）对话系统，从角色动画到背景音乐，AIGC 几乎触及了游戏开发的每个环节。这不仅大幅提高了游戏开发的效率，还为创造更加丰富、动态和个性化的游戏体验提供了可能。想象一个开放世界游戏，其中的每个 NPC 都有独特的性格和背景故事，每个场景都是动态生成的，这样的游戏体验将会无比丰富和真实。

1.3.4　AIGC 在音乐和影视制作中的革新

　　在音乐领域，AI 作曲工具正在改变传统的音乐创作模式。这些工具能够学习特定风格的音乐，并创作出类似风格的乐曲。一些流行音乐人已经开始尝试将 AIGC 融入音乐创作过程，为专辑注入新鲜灵感。此外，AI 还在音乐制作、混音、编曲等技术层面发挥着越来越重要的作用。例如，一个音乐制作人可能会使用 AI 工具生成数十种不同的编曲版本，然后从中选择最佳的一个进行进一步优化。

　　影视制作领域也正在经历 AIGC 带来的变革。从剧本创作到视觉特效，从配音配乐到后期制作，AI 正在重塑整个影视制作流程。特别是在虚拟人物创建、场景生成和视频编辑等方面，AIGC 显示出巨大的潜力。想象一部电影的每个场景都可以根据导演的描述自动生成，每个群众演员都是 AI 创造的虚拟角色，这将大幅降低制作成本，同时提高创作的自由度。

1.3.5　AIGC 的多模态整合与未来展望

　　AIGC 技术进步的另一个重要方向是多模态整合。通过整合文本、图像、音频等多种模态的输入，AIGC 系统能够生成更加复杂、富有创意的内容。这为创意产业带来了全新的可能性，例如仅凭一段文字描述就能自动生成完整的短视频或音乐短片（MV）。这种多模态整合不仅提高了创作效率，也开启了全新的创意表达方式。

然而，需要指出的是，AIGC 在各领域的应用还处于发展阶段。尽管在某些特定任务上已经能够产出高质量内容，但在整体质量、创意性和一致性上仍有提升空间。AIGC 要真正赋能创意产业，还需要在算法、数据、应用场景等方面持续突破。同时，我们需要警惕 AIGC 可能带来的一些问题，如版权纠纷、内容真实性验证、人工智能伦理等。

AIGC 的发展也对创意产业从业者提出了新的要求。如何有效利用 AIGC 工具提升创作效率？如何在保持人类创意主导地位的同时充分发挥 AI 的优势？如何在快速变化的技术环境中保持竞争力？这些都是从业者们需要深入思考的问题。未来的创意工作者可能需要成为"人机协作"的专家，既要精通传统的创意技巧，又要熟悉各种 AI 工具的使用（表 1-2）。

表 1-2　AIGC 在各创意领域的多元应用

应用领域	代表性 AIGC 工具/技术	主 要 功 能	应 用 案 例
文学创作	GPT-4、Claude、通义千问	内容生成，情节构建，人物塑造	辅助小说创作，自动生成新闻稿
视觉设计	Midjourney、Stable Diffusion、即梦、秒画	图像生成，风格转换，图像编辑	概念设计，品牌视觉识别，UI/UX 设计
游戏开发	NVIDIA GauGAN3、网易伏羲、有灵 AI	场景生成，NPC 对话系统，角色动画	自动生成游戏关卡，动态 NPC 行为
音乐创作	Suno、Udio、乐盒 AI	作曲，编曲，音频生成	AI 辅助作曲，自动生成背景音乐
影视制作	Runway、Gen-3、Stable video diffusion、svd、pika、可灵 AI、清影 AI、通义万相	视频生成，特效制作，虚拟人物创建	AI 短视频制作，虚拟主播
多模态内容	GPT-4o、智谱清言等	跨模态内容理解与生成	图文互动创作，智能内容分析

1.4　AIGC 平台大比拼：寻找最佳创意伙伴

2024 年，AIGC 技术的飞速发展推动全球 AIGC 平台市场进入一个新的竞争阶段。从文本、图像、音频到视频生成，各个领域都呈现出激烈的创新角逐态势，展现了人工智能在创意领域的巨大潜力和广阔应用前景。这场技术革命不仅改变了内容创作的方式，也正在重塑整个创意产业的生态系统。

1.4.1　文本生成领域的竞争格局

在文本生成领域，与先进的国际模型相比，中国本土模型的实力差距正在迅速缩小，呈现出百家争鸣的局面。以 OpenAI 的 GPT 系列和 Anthropic 的 Claude 为代表的模型在多语言处理和复杂任务解决方面仍保持领先，特别是在科研写作和跨学科分析上表现突出。这些模型展现了强大的语言理解和生成能力，能够处理各种复杂的语言任务，从创意写作到技术文档，从市场分析到学术论文，无所不包。

与此同时，中国的大语言模型如 DeepSeek（深度求索）公司的 DeepSeek 大模型、科大讯飞的讯飞星火、智谱的 GLM 系列和百度的文心大模型等产品在中文处理能力上已经取得了显著进步（图 1-7～图 1-10）。这些本土模型在理解中国文化语境、处理中文特有表达方式等方面显示出独特优势，反映了 AI 技术在适应不同文化和语言环境方面的进展。例如，在古诗词创作、成语运用、文言文翻译等中国特色文学形式上，本土模型展现出了明显的优势。

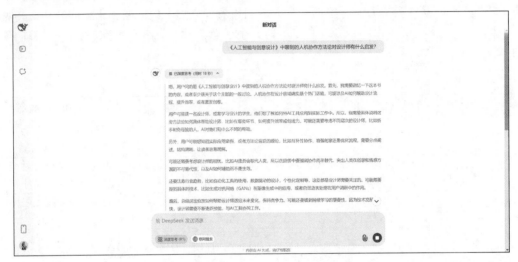

图 1-7　DeepSeek（深度求索）公司的 DeepSeek 大模型

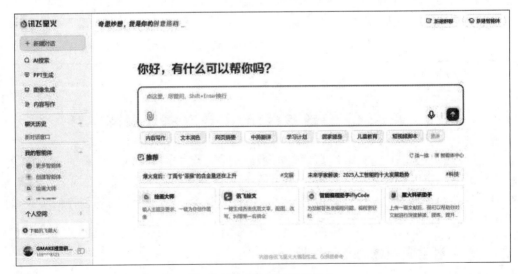

图 1-8　科大讯飞的讯飞星火

这种竞争格局不仅推动了技术的快速迭代，也为用户提供了更多样化的选择。对于创意工作者来说，这意味着他们可以根据具体需求选择最适合的工具，无论是需要处理国际化内容还是深耕本土市场。例如，一个需要创作跨文化营销文案的广告公司可能会选

图 1-9　智谱清言 ChatGLM 大模型

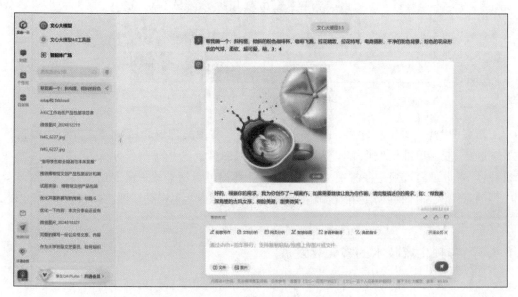

图 1-10　百度的文心大模型

择使用 GPT 系列模型生成初稿，然后使用本土模型进行本地化调整，以确保文案既有国际视野，又能准确传达本地文化内涵。

1.4.2　图像生成技术的突破与创新

图像生成技术在 2024 年迎来新的突破，为视觉设计和艺术创作带来革命性的变化。以 Midjourney 和 Stable Diffusion 为代表的国外平台继续在图像质量、风格多样性和细节控制方面保持领先地位。这些工具不仅能够生成高质量的图像，还能根据用户的详细描述创作出风格多样的艺术作品，从写实风格到抽象艺术，从古典油画到未来主义设计，应有尽有。

国内的图像生成平台如阿里巴巴的通义万相和百度的文心一格等工具在中国传统文化元素的融合和创新应用方面表现出色，展现了 AI 在文化传承与创新中的潜力。这些平台能够生成富有中国特色的图像，如水墨画风格的现代场景、融合传统纹样的现代设计等，为中国设计师提供了独特的创意资源。例如，一个设计师可能会使用通义万相生成一系列融合了中国传统纹样的现代家具设计概念图，为产品开发提供新的灵感（图 1-11）。

图 1-11　通义万相 AI 工具进行图像创作

新兴的 AI 绘画工具，例如商汤科技的"秒画"，在图文理解和精确描绘方面也取得了显著进步，能够更准确地将文本描述转化为视觉图像。这一进展预示着未来 AI 可能在设计、广告等创意产业中发挥更大作用，为设计师提供更精准的视觉表达工具。想象一个广告创意团队，他们可以使用"秒画"快速将文案创意转化为视觉草图，这大幅加快了创意迭代和客户沟通的效率。

1.4.3　音频生成技术的多元化发展

音频生成技术在 2024 年呈现多元化发展趋势，涵盖了从音乐创作到语音合成的广泛领域。在音乐生成领域，AI 已能创作出完整的、风格多样的音乐作品，展现了对音乐结构和情感表达的深入理解。例如，Google 的 MusicLM 和 OpenAI 的 Jukebox 能够生成各种风格的原创音乐，从古典到流行，从爵士到电子音乐，为音乐创作者提供了丰富的灵感来源。

语音合成技术也取得了重大突破，最新的语音克隆技术可以生成与原声几乎无法区分的合成语音。这种技术在教育、娱乐、辅助通信等领域有着广泛的应用前景。例如，可以为有声书创作独特的角色声音，或者为失声患者提供个性化的合成声音。想象一个有声书制作团队，他们可以使用 AI 技术为一部长篇小说中的每个角色生成独特的声音，大幅提升了听众的沉浸感。

此外，AI 配音工具在多语言、多情感语音生成方面的进展，为全球化内容创作和本地化提供了新的可能性。这意味着内容创作者可以更容易地将其作品翻译成多种语言,并保持原有的情感和语气,这大幅降低了内容的国际化成本。例如,一个教育科技公司可以使用这项技术快速将其课程内容转化为多种语言版本,每种语言版本都能保持原有的教学风格和情感表达。

1.4.4 视频生成技术的革命性进展

视频生成无疑是 2024 年 AIGC 领域最令人瞩目的发展方向,它正在彻底改变视频内容的创作方式。国际平台如 OpenAI 的 Sora 展示了生成长视频的能力,这标志着 AI 在理解和创造复杂视觉叙事方面取得了突破性进展。Sora 能够根据文本描述生成长达一分钟的高质量视频,包括复杂的场景转换和摄像机运动,这为电影制作、广告和教育等领域带来了革命性的变化。

中国的短视频生成技术也在快速发展,特别是在创作符合本土文化和审美的内容方面表现出色。如可灵 AI、清影 AI、PixVerse V2、Vidu 等平台能够生成短小精悍、富有创意的视频内容,非常适合在社交媒体上传播。这些工具不仅能够自动生成视频,还能进行智能剪辑、添加特效和字幕,大幅简化了视频制作流程。例如,一个社交媒体营销团队可以使用这些工具快速生成大量的产品展示视频,每个视频都针对不同的目标受众进行了个性化定制。

视频编辑和特效添加工具的进步,进一步简化了复杂的视频后期处理流程,使得高质量视频内容的生产变得更加高效和普及。例如,剪映的 AI 驱动编辑工具可以自动进行色彩校正、音频增强和动作跟踪,大幅减少了专业视频编辑的工作量。这意味着即使是小型制作团队也能创作出专业水准的视频内容。

1.4.5 AIGC 对创意产业的影响与挑战

对于创意工作者而言,AIGC 技术的发展既是挑战也是机遇。一方面,他们需要不断学习和适应新工具,将 AI 融入创作过程。这要求创意工作者具备一定的技术素养,能够理解和操作各种 AIGC 工具。另一方面,人类独特的创造力、情感共鸣能力和文化理解仍是不可替代的核心竞争力。AI 可以生成内容,但真正打动人心的作品仍需要人类的创意指导和情感投入。

未来的创意产业可能会形成人机协作的新模式,AI 工具负责处理重复性工作和基础创作,而人类则专注于提供创意方向、情感深度和文化洞察。例如,在广告制作中,AI 可以生成多个创意方案,而人类创意总监负责选择最佳方案并进行优化。在音乐创作中,AI 可以生成旋律和和声,而人类作曲家则负责调整和完善,赋予作品独特的艺术魅力。

1.5 AIGC 与艺术史的对话：传统与创新的碰撞

AIGC 的出现标志着人类艺术创作进入了一个新纪元。这不仅仅是一场技术革命,更是一场艺术观念和创作方式的变革。要全面理解 AIGC 的意义和影响,我们需要将其置于艺术史的长河中进行审视,探讨它与传统艺术的对话,以及它所带来的创新与挑战。

1.5.1 艺术史上的技术革新与艺术发展

纵观艺术发展史,我们可以清晰地看到技术进步与艺术创新之间的密切关系。每一次重大的技术革新都对艺术创作产生了深远影响,推动了艺术形式和风格的演变。

例如活字印刷术就改变了知识传播的方式。印刷术使得文学作品和艺术图像可以大规模复制和传播,极大地扩大了艺术的受众群体,同时促进了艺术家之间的交流和影响。

例如,丢勒是最早利用印刷技术大规模传播自己作品的艺术家之一。他的版画作品《启示录》(图 1-12)不仅展示了精湛的技艺,还通过印刷术的力量在整个欧洲广为流传,极大地提高了艺术家的知名度和影响力。

19 世纪,摄影技术的出现再次重塑了人们对艺术的理解。摄影的逼真效果挑战了传统绘画的写实功能,促使艺术家们重新思考绘画的本质和目的。这一技术革新直接催生了印象派等现代主义艺术流派,艺术家们开始更多地关注光影、色彩和主观感受的表达,而不再局限于对现实的精确描绘。

例如,印象派画家莫奈的作品《印象·日出》(图 1-13)就是对传统绘画技法的一种突破。他不再追求对景物的精确描绘,而是尝试捕捉光线和大气的瞬间效果。这种创作方式在某种程度上可以说是对摄影技术的一种回应,艺术家们意识到单纯的写实已经不能满足艺术的需求,因此开始探索绘画独特的表现力。

图 1-12 《启示录》丢勒

图 1-13 《印象·日出》莫奈

进入数字时代,计算机技术和互联网的普及为艺术创作开辟了全新的疆域。数字艺术、网络艺术等新兴艺术形式应运而生,艺术家们开始探索虚拟现实、交互式装置等全新的艺术表现方式。数字技术不仅拓展了艺术的表现形式,还改变了艺术作品的生产、传播和欣赏方式。

1.5.2　AIGC 的技术渊源与艺术探索

AIGC 的发展脉络可以追溯到 20 世纪 60 年代的计算机艺术实验，以及此后兴起的算法艺术、互动艺术等流派。20 世纪 60 年代，艺术家们开始尝试利用计算机进行艺术创作。例如，美国艺术家迈克尔·诺尔使用计算机生成了一系列抽象图形，开创了计算机艺术的先河（图 1-14、图 1-15）。他的作品《高斯二次函数》被认为是最早的计算机生成艺术作品之一。

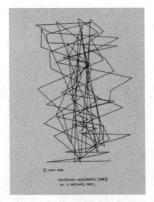

图 1-14　《高斯二次函数》迈克尔·诺尔　　　图 1-15　《四种计算机生成的随机图案》迈克尔·诺尔

随后，算法艺术、生成艺术等新兴艺术形式逐渐兴起，艺术家们尝试利用计算机程序自动生成视觉、听觉艺术作品，探索人工智能在艺术创作中的可能性。例如，匈牙利艺术家维拉·莫尔纳从 1968 年开始使用计算机创作，她的作品《蒙德里安》（图 1-16）展示了如何利用简单的算法生成复杂的视觉效果。

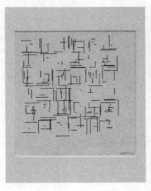
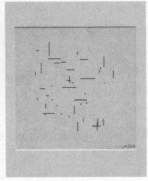

图 1-16　《蒙德里安》维拉·莫尔纳

这些早期的探索为 AIGC 的发展奠定了基础。它们不仅在技术层面为 AIGC 的出现做了铺垫，更重要的是，它们开始挑战传统的艺术创作观念，探索机器与人类协作创作的可能性。

1.5.3　AIGC 与后现代艺术思潮

AIGC 的兴起也深刻反映了后现代艺术的某些核心思想。后现代艺术主张解构作者和作品的权威性，强调互文性和开放性解释。在这种思潮影响下，艺术创作不再被视为个人天才的独白，而是被理解为创作者、观众、社会语境共同参与的开放过程。

AIGC 恰恰呼应了这种思想。它模糊了人类创作者和智能算法的边界，挑战了传统的创作主体概念。在 AIGC 的创作过程中，人工智能算法可以被视为一种新型的创作主体，它与人类创作者、观众以及社会文化语境共同参与艺术的生成过程。这种创作模式打破了传统艺术中创作者与作品之间的明确界限，呈现出一种更为开放、流动的艺术创作观。

1.5.4　AIGC 引发的美学和伦理问题

AIGC 的发展也引发了一系列深刻的美学和伦理问题。首先，AI 生成的作品是否具有艺术性？它们能否被视为真正的艺术创作？这个问题触及了艺术本质的定义。有观点认为，AIGC 只是一种技术手段，缺乏人类创作者的情感投入和个人表达，因此不能触及艺术创作的核心。但另一种观点则认为，AIGC 作品所呈现的新颖性、偶然性和复杂性，恰恰体现了艺术的本质特征。

其次，AIGC 是对人类创造力的补充还是取代？这个问题涉及艺术创作的未来走向。一些人担心，AIGC 的发展可能会导致人类创作者的边缘化，使艺术创作失去个人表达的意义。但也有人持相反观点，认为 AIGC 将解放人类的创造力，使创作者可以将更多精力投入更高层次的创意活动中。

1.5.5　AIGC 催生的新艺术形态和美学样式

无论如何，AIGC 正在催生一种新的艺术形态和美学样式。在人工智能的加持下，艺术创作呈现出更多的可能性和复杂性。AIGC 能够快速生成大量的视觉、听觉或文本作品，这种高效率的创作方式为艺术家提供了丰富的素材和灵感来源。此外，AIGC 还能够模仿和融合不同的艺术风格，创造出前所未有的视觉效果。

AIGC 还为交互式艺术和沉浸式体验提供了新的可能。通过结合 AI 技术和虚拟现实、增强现实等技术，艺术家可以创造出能够实时响应观众行为的互动艺术作品，为观众提供更加个性化和沉浸式的艺术体验。

未来，艺术史将不得不为 AIGC 留出一个重要位置。这既是对传统艺术的挑战，也是艺术创新的重要机遇。AIGC 的发展可能会推动艺术创作向更加开放、协作和跨界的方向发展，促进艺术与科技、艺术与社会之间的深度融合。

作为未来的设计师和创意工作者，我们应该积极拥抱 AIGC 技术，学会与 AI 工具协作，不断提升自身的创意能力和技术素养。同时，我们也要保持对传统文化和人文价值的敏感，在技术与艺术的交融中创造出更多富有中国特色的优秀作品，为推动我国创意产业的发展贡献力量。在这个 AI 与人类创意共舞的新时代，让我们携手探索无限的可能性，创造出更多令人惊叹的作品。

本章小结

本章深入探讨了 AIGC 的核心原理、技术突破和创意应用，展现了人工智能如何重塑设计创意的未来图景。通过对扩散模型等前沿技术的剖析，我们看到 AIGC 不仅在技术层面实现了跨越式发展，更在创意表达方式上开辟了全新的可能性。

在技术进化的维度上，我们追溯了 AIGC 从早期的生成对抗网络到现代扩散模型的演进历程。特别是对 Midjourney、Stable Diffusion、DALL-E 等主流平台的深入分析，展示了 AI 如何突破传统创作的局限，实现从简单模仿到创造性生成的质的飞跃。这些技术突破不仅提升了生成内容的质量，更重要的是为创意设计提供了全新的思维方式和工作流程。

在应用领域，我们详细考查了 AIGC 在文本创作、图像生成、音频合成和视频制作等方面的最新进展。通过具体案例，我们看到 AIGC 已经从单一的辅助工具发展成为赋能创意的重要伙伴。它不仅能提高创作效率，更能激发创作灵感，帮助设计师突破思维定式，探索更多创新可能。

在人机协作的视角下，我们探讨了 AIGC 如何改变设计师的工作方式和角色定位。AIGC 的出现并非意味着人类创造力的替代，而是开启了一种全新的创作范式。在这种范式下，设计师需要学会利用 AI 工具增强自己的创造力，同时保持对艺术本质和人文价值的深刻理解。

最后，我们还探讨了 AIGC 与艺术传统的对话关系。从文艺复兴时期的透视法到现代主义的摄影技术，每一次技术革新都推动着艺术的创新。AIGC 的出现，同样预示着一个新的艺术纪元的到来。在这个纪元中，技术与艺术的边界将变得更加模糊，创新与传承的关系将得到重新定义。

在下一章中，我们将聚焦文学创作领域，探讨 AIGC 如何赋能写作者，催生新的文学样式和流派。我们将继续深入 AIGC 的奇妙世界，思考人工智能和人类创造力相遇将激荡出怎样的火花。

练习与思考

（1）完成一个"AIGC 进化史"的多媒体创意项目。通过收集和分析人工智能发展历程中的关键事件，制作一个融合文字、图像和交互设计的时间线。重点展现从早期规则系统到现代生成式 AI 的技术演进，以及这些进步对创意产业带来的影响。项目应包含至少 10 个里程碑事件，每个事件配有详细说明和视觉呈现。

（2）深入探讨"AIGC 是否具备真正的创造力"这一命题。从认知科学、计算机科学和艺术哲学的角度，分析人工智能的创造过程与人类创造力的异同。思考应结合具体案例，探讨 AIGC 在原创性、目的性和审美价值等方面的表现，并对未来发展趋势做出预测。

第 2 章

文字炼金：AI 驱动的语言艺术

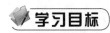**章节导语**

在人工智能技术日新月异的今天，AI 文本生成能力正以惊人的速度发展，从简单的文字处理到复杂的创意写作，AI 正在重新定义我们对文字创作的理解。本章将带学生深入探索 AI 在文本生产领域的最新进展，从技术原理到实践应用，从创意写作到内容革新，全面把握 AI 驱动的语言艺术新图景。

本章首先剖析 AI 文本生成的核心技术，以及大语言模型如何通过深度学习实现对人类语言的理解和生成。通过对国内外主流 AIGC 平台的对比分析，学生将深入理解 AI 辅助创作的技术基础和应用前景。接着，本章还探讨 AI 如何重塑创意写作流程，展现人机协作的新范式，并思考 AI 介入文学创作带来的机遇与挑战。

作为未来的设计师，理解并掌握 AI 文本创作技术将提高学生的竞争力。本章的学习不仅帮助学生把握 AI 文本生成的技术脉络，更重要的是启发学生思考如何在内容创作中有效运用这些工具，在保持人文关怀的同时，充分释放技术赋能的创新潜力。让我们一起探索 AI 与语言艺术碰撞出的璀璨火花吧！

学习目标

知识目标：

(1) 深入理解 AI 文本生成的技术原理，特别是大语言模型的工作机制。

(2) 系统掌握当前主流 AI 写作工具的特点及其适用场景。

(3) 准确认识 AI 在文学创作、内容生产等领域的应用现状。

能力目标：

(1) 培养运用 AI 工具进行文本创作的实践能力。

(2) 提升在人机协作环境下的创意写作能力。

(3) 发展对 AI 生成内容的评估和优化能力。

素养目标：

(1) 树立正确的创作伦理观，平衡技术与人文的关系。

(2) 培养创新意识，善于运用新技术突破创作瓶颈。

(3) 建立终身学习意识，持续关注 AI 创作技术的发展。

2.1 AI 文本生成技术：原理与应用

人工智能在文本生成领域取得的进展是 AIGC 发展的重要基石。近年来，以语言模型为代表的 AI 文本生成技术不断突破，使机器具备了理解和生成人类语言的能力。这一技术的发展不仅推动了自然语言处理领域的革新，也为内容创作、教育、客服等多个行业带来了新的机遇和挑战。本章将深入探讨 AI 文本生成技术的原理及其广泛应用，帮助读者全面了解这一前沿技术。

2.1.1 AI 文本生成技术的基本原理

当前主流的 AI 文本生成模型，大多基于 Transformer 架构和自然语言处理技术。这些模型通过海量文本数据的训练，学习语言的统计规律和深层结构。

Transformer 架构的核心在于其自注意力（self-attention）机制，使模型能够更好地捕捉长距离依赖关系，理解上下文语境。这种架构使得模型能够并行处理输入序列，大幅提高了训练和推理的效率。自注意力机制的工作原理可以简单理解为，它允许模型在处理每个词时，都能"关注"到输入序列中的所有其他词，从而更好地理解整个句子的含义。

例如，在处理"长城是中国的象征，它很雄伟"这句话时，自注意力机制能够让模型理解"雄伟"这个词是与"长城"相关的，而不是与"中国"或"象征"相关。这种能力使得模型能够更准确地理解和生成复杂的语言表达（图 2-1）。

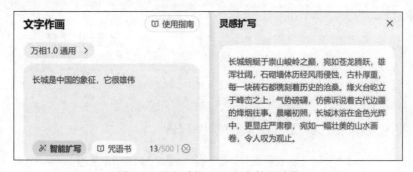

图 2-1 通义千问：AI 文字扩写功能

在训练过程中，这些模型通常采用自监督学习方法。例如，文心大模型采用的是自回归语言建模任务，预测给定上文的下一个词；而通义千问采用的是掩码语言模型任务，预测被随机遮蔽的词。这些预训练任务使得模型能够学习到丰富的语言知识和世界知识。

具体来说，文心大模型的训练过程可以想象为，给模型一个句子的前半部分，让它预测下一个词。比如给出"春节是中国最重要的"，模型可能会预测"传统节日"或"节假日"等词。通过大量这样的训练，模型逐渐学会了语言的规律和知识。

通义千问的训练则类似于完形填空。例如，给模型"中秋节人们喜欢吃[MASK]"，让它预测[MASK]处应该填什么词。这种方法使得通义千问能够双向理解语言，因为它需要同时考虑前后文。

在应用中,我们输入一段文本提示(prompt),模型就能根据上下文理解提示的意图,并生成相应的文本内容。这个过程被称为"提示工程"(prompt engineering),它是充分发挥 AI 文本生成能力的关键。通过精心设计的提示,我们可以引导模型生成符合特定需求的文本。

提示工程的重要性在于,它决定了模型输出的质量和相关性。一个好的提示不仅包含了任务描述,还可能包括示例、背景信息、格式要求等。例如,如果我们想让模型写一篇关于粤港澳大湾区发展的文章,一个简单的提示可能是"写一篇关于粤港澳大湾区的文章",而一个更好的提示可能是"请以经济学家的视角,写一篇 1000 字的文章,分析粤港澳大湾区在中国经济发展中的战略地位。请包括最新的经济数据和专家观点。"(图 2-2)。

图 2-2　Kimi AI 助手:文本撰写功能

2.1.2　国内大模型:AI 文本生成的新里程碑

国内的大语言模型,如 DeepSeek、文心一言、通义千问、讯飞星火等,代表了中国 AI 文本生成技术的最新成就。这些模型展现出了惊人的语言理解和生成能力。

这些模型能够生成连贯、流畅、富有创意的文本。给它们一个开头,它们可以自动续写出完整的故事;给它们一个主题,它们可以撰写出有见地的评论;给它们一组关键词,它们可以生成诗歌、歌词、广告文案等各类内容。这种能力的实现依赖于这些模型强大的上下文理解能力和丰富的知识储备。

例如,如果我们给文心一言一个故事开头:"在一个阳光明媚的早晨,小明发现自己家的门前多了一棵会说话的桃树。"文心一言可能会继续写道:"这棵桃树不仅枝繁叶茂,而且树干上隐隐透出淡淡的金色光泽,仿佛蕴含着某种古老而神秘的力量。小明惊讶地张大了嘴巴,半天合不拢。他小心翼翼地走近桃树,生怕惊扰了这份不可思议的宁静。他轻声问道:"你……你真的能说话吗?你是谁?为什么会在这里?"这种续写不仅保持了故事的连贯性，还融入了中国传统文化元素，展现了模型的创造力和文化理解能力（图 2-3）。

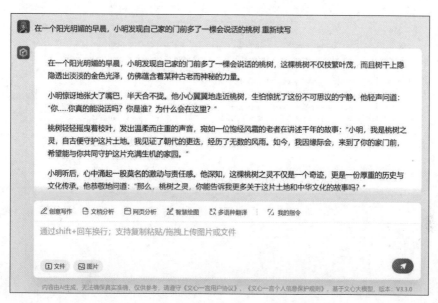

图 2-3　百度文心一言：AI 文本生成

除了强大的文本生成能力，这些国内大模型还具有多语言能力、跨模态理解、任务适应性等独特优势。它们能够理解和生成多种语言的文本，并进行高质量的翻译；能够理解图像内容，并基于图像生成相关文本描述；从编写代码到解决数学问题，这些模型展现出了惊人的任务适应能力。

这些国内大模型的多语言能力意味着它们可以轻松地在不同语言之间切换。例如，它们可以理解一个用中文提出的问题，用英文回答，然后将回答翻译成日语。这种能力大幅扩展了这些模型的应用范围，使其成为跨语言交流的有力工具（图 2-4）。

在跨模态理解方面，这些模型可以分析图像并生成相关描述。例如，给它们一张中国传统建筑的图片，它们能够理解图片的内容并生成详细的解释，包括建筑风格、历史背景等信息。这种能力使这些模型在文化遗产保护、旅游推广等领域有了广泛的应用前景（图 2-5）。

这些国内大模型的任务适应性体现在它们能够处理各种不同类型的任务。例如，它们可以帮助程序员调试代码，可以协助学生解决复杂的数学问题，甚至可以模拟不同角色进行对话。这种多样化的能力使这些模型成为真正的"通用型"AI 助手。

这些能力使国内大模型成为 AI 文本生成技术的重要里程碑，为 AIGC 在文学创作和其他领域的应用开辟了新的可能性。

2.1.3　AI 文本生成技术的广泛应用

AI 文本生成技术在内容产业的多个领域都有广泛应用，为各行各业带来了新的可能性和创新空间。

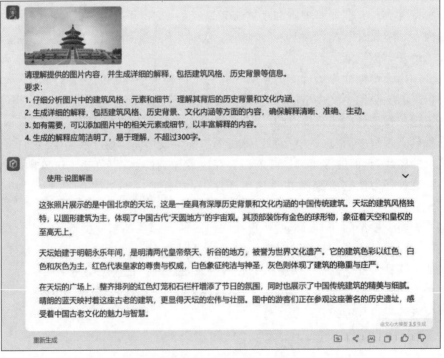

图 2-4　讯飞星火大模型多语言功能应用

图 2-5　百度文心一言：图片解析功能

在新闻领域,国内大模型已经能够根据导语和关键信息生成基本的新闻稿件。这种能力可以大幅提高新闻生产效率,特别是在处理简单、例行性的新闻报道时。然而,对于需要深度调查和分析的新闻,人类记者的作用仍然不可替代。

例如,在报道一场 CBA 比赛时,AI 可以根据比赛数据和关键时刻快速生成新闻稿。它可能会这样写:"在昨晚的 CBA 总决赛中,广东东莞银行队以 105∶98 的比分战胜辽宁本钢队,总比分 3∶2 领先。易建联贡献了 32 分和 9 个篮板,成为本场比赛的最佳球员。"这种报道虽然准确,但可能缺乏人类记者能够提供的深度分析和现场感受。

在教育领域,AI 可以根据知识点自动生成试题和解析,为教育工作者提供丰富的教学资源。它还可以根据学生的学习情况,生成个性化的学习计划和辅导材料,实现因材施教。这不仅提高了教育资源的丰富度,也为实现个性化教育提供了可能(图 2-6、图 2-7)。

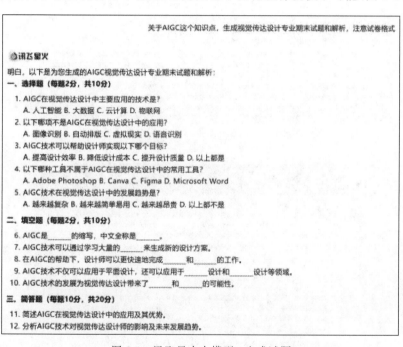

图 2-6　讯飞星火大模型:生成试题

例如,对于一个正在备战高考的学生,AI 可以根据他之前的错误题目,生成一系列针对性的练习题。如果学生在数学中的三角函数部分表现不佳,AI 可能会生成这样的题目:"已知正弦函数 $y = A\sin(\omega x + \phi)$ 的图像经过点 $P(\pi/6, 1/2)$,求该函数的表达式。"同时,AI 还会提供详细的解答步骤,帮助学生理解解题过程(图 2-8)。

在客服领域,AI 可以与用户进行智能对话,提供个性化的回复。这种应用大幅提高了服务效率和质量,使得企业能够 24 小时为客户提供及时、准确的服务。同时,它也为人类客服人员减轻了工作负担,使他们能够专注于处理更复杂的问题。

例如,在一个电商平台的客服系统中,当用户询问"我的订单什么时候能到货"时,AI 可以自动查询订单信息,并回复:"您好,根据您的订单号 12345678,您的商品预计将在 3 天内送达。如果您需要更详细的物流信息,可以点击[此处]查看。如果您有特殊需求,比

答案与解析

一、选择题

1. A 人工智能
2. D 语音识别
3. D 以上都是
4. D Microsoft Word
5. B 越来越简单易用

二、填空题

6. AIGC是"人工智能生成内容"的缩写，中文全称是"人工智能生成内容"。
7. AIGC技术可以通过学习大量的"数据样本"来生成新的设计方案。
8. 在AIGC的帮助下，设计师可以更快速地完成"创意构思"和"方案实施"的工作。
9. AIGC技术不仅可以应用于平面设计，还可以应用于"UI/UX"设计和"动画"设计等领域。
10. AIGC技术的发展为视觉传达设计带来了"更多可能性"和"创新空间"。

三、简答题

11. 简述AIGC在视觉传达设计中的应用及其优势。

- **应用：** AIGC技术在视觉传达设计中广泛应用于图像识别、自动排版、色彩搭配等方面。通过深度学习算法，AIGC可以分析大量的设计作品，学习其风格和特点，从而生成具有创新性和个性化的设计方案。
- **优势：** 提高设计效率、降低设计成本、提升设计质量。AIGC技术可以快速生成多种设计方案供设计师选择，大大缩短了设计周期；同时，由于AIGC可以自动完成一些重复性工作，因此也降低了人力成本；此外，AIGC技术还可以通过不断学习和优化来提升设计质量。

12. 分析AIGC技术对视觉传达设计师的影响及未来发展趋势。

- **影响：** AIGC技术的出现对视觉传达设计师产生了深远的影响。一方面，它提高了设计师的工作效率和创作能力；另一方面，它也改变了设计师的工作方式和思维方式。设计师需要更加注重与AIGC技术的协作和融合，以创造出更加优秀的作品。
- **未来发展趋势：** 随着技术的不断发展和完善，AIGC将在视觉传达设计领域发挥更加重要的作用。未来，AIGC技术将更加智能化、个性化和人性化，能够更好地满足设计师的需求和期望。同时，随着跨学科研究的深入和应用范围的扩大，AIGC技术也将与其他领域进行更多的融合和创新。

图 2-7 讯飞星火大模型：生成试题解析

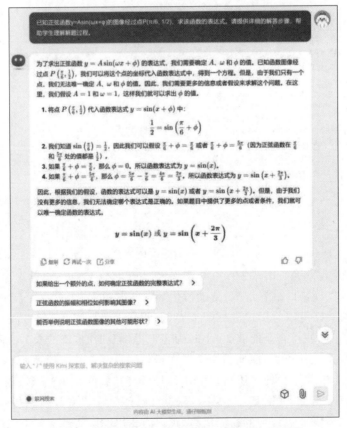

图 2-8 Kimi AI助手：生成数学三角函数解题过程

如希望指定送货时间,请回复'1',我们会有专门的客服人员为您服务。"这种回复不仅准确,还能满足用户的即时需求,同时为可能的复杂问题预留了人工处理的通道。

在游戏开发中,AI 可以扮演 NPC 角色,根据玩家的互动实时生成对话内容。这种技术可以大幅提升游戏的沉浸感和可玩性,为玩家创造更加丰富、动态的游戏体验。网易手游《逆水寒》就是一个将 AI 深度融入游戏体验的典型案例,被认为是第一款真正的 AI 游戏。

《逆水寒》中的 AI 应用贯穿了游戏的多个方面,包括 AI 捏脸功能、AI 作词机和智能 NPC 系统。AI 捏脸功能让玩家可以轻松将自己的形象融入游戏;AI 作词机能根据玩家输入和游戏环境生成个性化诗词;智能 NPC 系统则使游戏中的角色具有情绪和记忆,能与玩家进行更自然的互动。这些创新性的 AI 应用不仅提升了游戏体验,还展示了 AI 技术在游戏领域的巨大潜力(图 2-9)。

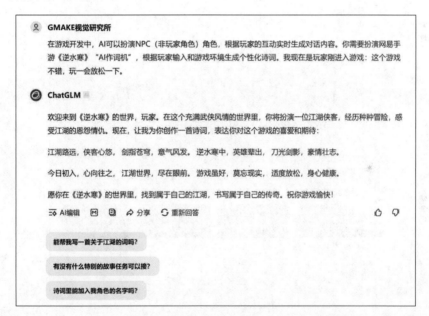

图 2-9　智谱清言：模拟"AI 作词机"生成个性化诗词

在创意写作方面,AI 可以协助作家进行故事构思、角色设计、情节发展等创作环节,拓展创作思路。虽然 AI 目前还无法完全取代人类作家的创造力,但它可以作为有力的辅助工具,帮助作家克服写作瓶颈,激发新的灵感。

例如,一位作家正在创作一部以未来中国为背景的科幻小说,但在设计未来社会形态时遇到了瓶颈。他可以向 AI 描述已有的设定,然后请 AI 提供一些创意。AI 可能会建议："考虑一个基于量子计算和生物技术高度发达的社会。在这个社会中,人们可以通过脑机接口直接连接到云端,实现即时知识获取和技能学习。城市建筑可能采用可变形态的纳米材料,能根据需求自动调整形状和功能。社会结构可能形成一种'数字共识'的新型民主形式,每个公民都可以实时参与社会决策。"这样的建议可能会为作家打开新的创意之门。

在商业写作领域,AI 可以协助生成商业报告、市场分析、产品描述等各类商业文档,提高工作效率。这种应用不仅节省了大量的时间和人力成本，还能确保文档的一致性和专业性。

例如，一家新能源汽车公司需要为新产品做一份市场分析报告PPT。AI可以根据给定的数据和关键词，生成一份初步的报告框架："①中国新能源汽车市场概况；②目标客户分析；③竞争对手分析；④SWOT分析；⑤市场策略建议"。然后，AI可以根据每个部分的要求，生成详细的内容。比如在"竞争对手分析"部分，AI可能会写道："根据最新数据，我们的主要竞争对手比亚迪在过去一年中市场份额增长了5％，主要得益于他们新推出的刀片电池技术。相比之下，我们的市场份额保持稳定，但在高端市场中的品牌认知度有所提升。特斯拉仍然是高端市场的主要竞争对手，但其本土化策略在二三线城市的效果不如预期……"（图2-10、图2-11）。

图 2-10　清言 PPT

图 2-11　智谱清言：AI 生成分析报告 PPT

这些广泛的应用展示了 AI 文本生成技术的巨大潜力。然而，我们也必须认识到，AI 的作用主要是辅助和增强人类的能力，而不是完全取代人类。在许多领域，人类的创造力、洞察力和情感智能仍然是不可或缺的。未来，人机协作很可能成为各个行业的主要工作模式，我们需要学会如何有效地利用 AI 工具，同时保持和发展我们独特的人类能力。

2.2　创意写作与 AI：协作与创新

在人工智能技术迅速发展的今天，创意写作领域正经历着前所未有的变革。AI 文本生成技术为创意写作提供了新的可能性，而各种 AI 写作工具则是这种可能性的具体实现。本节将深入探讨 AI 与创意写作的结合，分析它们之间的协作方式，以及由此带来的创新机遇，并结合中国的具体案例进行讨论。

2.2.1　AI 写作工具：创意助手的崛起

近年来，国内外涌现出了众多 AI 写作助手，为创意工作者提供了实用、有趣的创作辅助功能。在国际市场上，Jasper AI、Copy. ai、Writesonic 等工具备受关注。在中国市场，像百度的文心一言、阿里巴巴的通义千问、科大讯飞的讯飞星火等成为备受欢迎的 AI 写作助手。这些工具大多基于先进的大型语言模型，并针对特定写作场景（如文案创作、小说写作）进行了微调。

使用这些工具进行写作时，创作者只需给定一个主题、开头或大纲等提示信息，工具就能自动生成一段相关的文字内容。创作者可以在此基础上进行二次创作和编辑，直至产出满意的作品。这种工作模式大幅提高了创作效率，同时也为创作者提供了新的灵感来源。

以小说写作为例，AI 写作工具可以辅助创作者进行情节构思、人物塑造、场景描写等创作环节。例如，一位正在创作武侠小说的作者可能会这样使用 AI 助手：在情节构思阶段，作者可能会输入"请为一个武侠小说设计一个关于江湖门派争夺神秘武功秘籍的情节"，AI 可能会生成一段关于明朝末年江湖各派争夺《九阴真经》的故事梗概。对于人物塑造，作者可能会要求 AI"描述一个性格倔强但重情重义的女侠"，AI 可能会描绘出一个名叫秦梦瑶的峨眉派女侠形象。在场景描写方面，作者可能会要求 AI"描述一个位于深山中的古老寺庙"，AI 则可能会生成一段关于白云寺的生动描述（图 2-12）。

在这个过程中，创作者与 AI 进行着创意的碰撞与交流，共同推进故事的生成。AI 的输出为作者提供了丰富的素材和灵感，而作者则根据自己的创作意图对 AI 的输出进行筛选、修改和深化，最终形成独具特色的作品。这种人机协作的创作模式不仅提高了效率，也拓展了创意的边界，为文学创作注入了新的活力。

2.2.2　AI 辅助写作的实践与案例

AI 辅助写作的应用范围正在不断扩大，从文学创作到专业领域写作都有涉及。在设计领域和学术研究中，AI 写作工具展现出了独特的优势，为创作者提供了新的思路和工具。

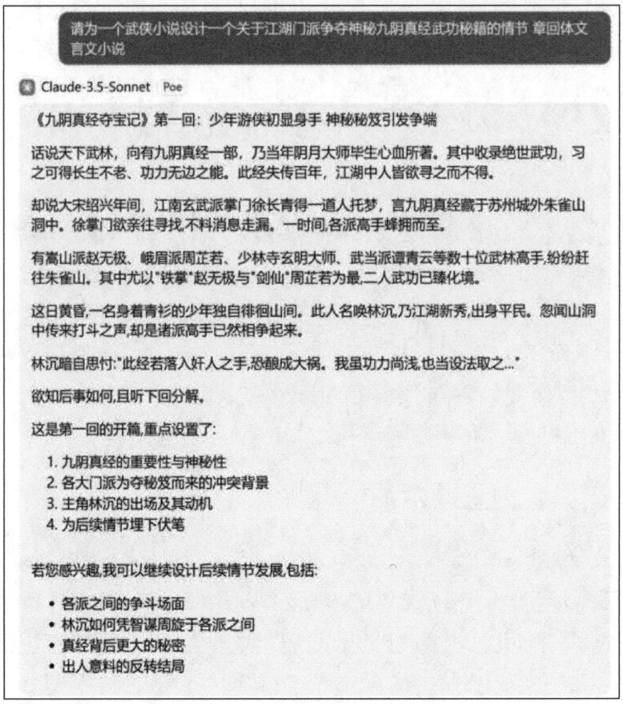

图 2-12　Claude 生成武侠小说

　　在设计领域,AI 写作工具可以帮助设计师将抽象的设计概念转化为清晰、易懂的文字描述,从多个角度解释同一设计理念,准确使用专业术语,并根据目标受众调整表达方式。例如,一位学生正在为一款智能水杯设计产品说明,可能会使用 AI 生成初步的设计理念阐述。AI 可能会生成一段融合人体工程学、智能科技和可持续设计理念的描述,涵盖功能特点、用户体验、材料选择等多个方面。这为学生提供了一个全面的设计思路框架,学生可以在此基础上进行修改和深化,加入更多个人的创新点和专业考量,如强调产品的智能提醒功能或其针对特定用户群体的定制化设计。这种人机协作的方式不仅提高了设计说明的质量,也为学生的创意过程提供了新的思考角度(图 2-13、图 2-14)。

　　在学术领域,AI 正在成为研究人员的有力助手。它可以协助进行文献综述,快速分析大量文献并提取关键信息;根据研究主题和方法生成合理的论文结构建议;优化学术表达,使其更符合学术规范和期刊要求;协助参考文献管理,以及为涉及大量数据分析的论文生成初步的分析结果描述。例如,一位学生正在撰写关于"人工智能在中国制造业转型中的应用"的毕业论文,可能会使用知网的 CNKI AI 学术研究助手。这个基于大模型的 AI 助手能够通过自然语言交互,帮助学生快速获取相关研究文献的概述,包括主要研究方向、关键发现和研究差异。它还可以为论文提供结构建议,优化学术表达,甚至协助数据分析结果的初步描述。这种 AI 辅助不仅大幅提高了研究效率,也为学生提供了更广阔的学术视角,有助于提升论文的质量和创新性。然而,学生在使用这类工具时,仍需保持独立思考和批判性分析的能力,确保论文反映自己的真实研究成果和见解(图 2-15、图 2-16)。

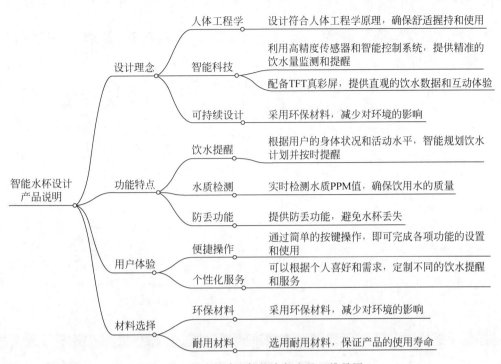

图 2-13　纳米搜索：智能水杯产品思维导图

图 2-14　纳米搜索：智能水杯产品视频口播稿

图 2-15　CNKI AI 学术研究助手：研读模式

图 2-16　CNKI AI 学术研究助手：创作模式

2.2.3　AI 写作工具的优势与局限

　　AI 写作工具为创意写作带来了诸多优势，同时也存在一些局限性。了解这些优势和局限，对于创作者合理运用 AI 工具至关重要。

　　在优势方面，AI 写作工具首先能够快速生成大量内容，大幅提高了写作效率。对于需要在短时间内产出大量文字的场景，如新闻报道或内容营销，这一特性尤其有价值。其次，AI 可以提供多样化的表达方式和创意灵感，帮助创作者突破思维局限。例如，一位正在创作科幻小说的作者可能会发现，AI 能够在短时间内生成多个不同的未来世界设定，每个设定都有其独特的社会结构、科技发展水平和文化特征。这不仅节省了作者构思世界观的时间，也为作者提供了多种创作方向的选择。最后，AI 能够模仿不同的写作风格，为创作者提供更多的创作选择。一位广告文案撰写者可能会发现，AI 能够为同一产品生成多种不同风格的广告语，从幽默诙谐到严肃正式，从情感诉求到理性分析，涵盖多种表达方式。这为文案撰写者提供了丰富的创意素材，有助于找到最适合目标受众的表达方式。

然而，AI 写作工具也存在一些局限。首先，AI 生成的内容在文学性、逻辑性上还难以与人类创作相提并论。虽然 AI 可以生成符合语法规则的文本，但在深层次的内容组织和情感表达上，仍然存在不足。其次，AI 可能会产生事实性错误或不恰当的表达，需要人类创作者仔细审核。这是因为 AI 的知识源于训练数据，可能包含过时或不准确的信息。最后，AI 难以真正理解人类的情感和深层次的思想，因此在处理需要深刻洞察和情感表达的写作任务时可能力不从心。例如，在创作一篇关于"失而复得"主题的散文时，AI 可能会生成形式上符合要求的文字，但可能缺乏真实的情感体验和深刻的人生感悟。又如，在撰写一篇分析中国传统文化在现代社会中的角色的评论文章时，AI 可能会提供大量相关信息和观点，但可能难以提供真正深入和原创的洞见。

2.2.4　人机协作下的创意写作新范式

AI 为创意写作带来的是"增强"而非"替代"。在人机协作的过程中，人的主体性并没有削弱，反而因为 AI 的加持而得到了放大。未来，写作者与 AI 的关系可能会越来越像"双人舞"——既有默契的配合，也有各自的发挥空间。

在这种新的创作范式下，人类创作者的角色正在发生变化。他们不仅需要具备传统的写作技能，还需要学会如何有效地利用 AI 工具，如何设计合适的提示（prompt），如何从 AI 生成的内容中筛选和优化。这要求创作者具备更高的综合能力和判断力。例如，一位网络小说作者可能会与 AI 协作，让 AI 为每个章节生成详细的情节大纲，然后审阅、修改，并基于此生成初步的章节内容。作者再次审阅和编辑这些内容，加入自己的创意和文学技巧，最终完成一个融合 AI 创意和自身风格的作品。

同时，人机协作也在推动创意写作向更加个性化和多样化的方向发展。通过精细调教 AI 模型，创作者可以打造出独特的"AI 写作助手"，这个助手能够理解并模仿创作者的风格，成为创作者的"数字分身"。例如，一位专门创作都市言情小说的作者可能会通过大量的互动和反馈，逐步训练 AI 理解自己的写作风格、常用的情节设置和人物刻画方式。随着时间的推移，这个 AI 助手可能会越来越"懂"这位作者的创作意图，能够生成更加符合作者风格的内容建议。

然而，我们也需要警惕 AI 可能带来的某些负面影响。例如，过度依赖 AI 可能会导致创作的同质化，或者削弱作者的独立思考能力。因此，在享受 AI 带来的便利的同时，创作者也需要不断提升自己的核心竞争力，保持独立思考和创新的能力。

2.3　内容产业变革：AI 驱动的智能化创作

在数字时代的浪潮中，AI 正以前所未有的速度和深度重塑内容产业的生态系统。从内容的孕育、创作到传播、消费，AI 技术正在重新定义每一个环节，引领整个行业迈向智能化时代。本节将深入探讨 AI,尤其是 AIGC 技术对内容产业带来的革命性变革,剖析其中蕴含的机遇与挑战,并为未来发展提供前瞻性的思考(图 2-17)。

音频内容	文字内容
配乐生成,语音合成,音频处理	新闻生成,产品描述,脚本写作
图片内容	视频内容
AI绘画,图像编辑,logo设计	自动剪辑,虚拟主播,视频字幕

图 2-17　Napkin.ai 生成 AIGC 内容应用概述

2.3.1　内容生产的 AIGC 新范式

AIGC 作为内容生产模式的颠覆者,正在彻底改变传统内容创作的格局。传统的内容创作模式高度依赖人力资源,面临着产能有限、成本高昂等挑战。AIGC 的出现,犹如为内容生产注入了新的活力。这些系统能够基于预设的参数和要求,自动化地生成海量内容,大幅提升了生产效率,同时为长尾内容的经济可行性提供了解决方案。

AIGC 在各类内容形式中的应用实例如表 2-1 所示。

表 2-1　AIGC 在各类内容形式中的应用实例

内容类型	AIGC 应用	具 体 实 例	优　　势
文字内容	新闻生成	腾讯的 Dreamwriter 自动撰写财经报道	快速、准确、不间断生产
	产品描述	阿里巴巴生成商品介绍	批量生产,风格统一
	脚本写作	百度的 ERNIE-Vilg 辅助剧本创作	提供创意灵感,加速剧情构建
视频内容	自动剪辑	快手的"一键成片"功能	降低创作门槛,提高效率
	虚拟主播	新华社 AI 新闻主播"新小微"	24 小时不间断播报,成本低
	视频字幕	字幕组 AI 的自动字幕生成	多语言支持,提高可访问性
图片内容	AI 绘画	百度的"文心一格"AI 绘画工具	根据文本描述生成图像,激发创意
	图像编辑	美图秀秀的 AI 智能抠图功能	智能抠图、风格迁移等
	logo 设计	阿里云的智能设计平台	快速生成多个设计方案
音频内容	配乐生成	网易天音的 AI 作曲系统	为视频、游戏生成专业配乐
	语音合成	科大讯飞的语音合成技术	自然语音,多语言支持
	音频处理	荔枝微课的 AI 音频后期处理	降噪、音质增强

国内 AIGC 应用的一个典型案例是字节跳动旗下的剪映 App。该应用集成了 AI 功能,能够协助用户快速制作营销文案和视频内容。用户只需输入产品关键词,AI 就能生成适合短视频平台的营销文案,大幅提高了内容创作的效率。这种技术不仅为个人创作者提供了便利,也为企业的内容营销带来了新的可能性。

在新闻行业，一些机构已经开始尝试使用 AI 辅助新闻写作，特别是在数据驱动的新闻报道方面。AI 系统能够快速分析大量数据，生成基础的新闻稿件，尤其适用于财经、体育等数据密集型的新闻领域。这不仅提高了新闻生产的效率，也使得一些原本因人力限制而无法覆盖的新闻领域得以报道。

2.3.2 AI 驱动的"千人千面"个性化内容

在个性化内容服务方面，AIGC 正在开启"千人千面"的新时代。信息爆炸时代下，用户对个性化内容的需求日益增长。AIGC 凭借其强大的数据处理能力和动态生成能力，正在将内容的个性化推向一个新的高度。这种个性化主要体现在精准用户画像、动态内容生成、交互式个性化体验、场景化智能推荐和多模态内容整合等方面。

通过深度学习算法，AIGC 系统能够综合分析用户的浏览历史、内容互动、社交网络、消费行为等多维度数据，构建出极其精准的用户兴趣模型。在电商领域，大型平台的个性化推荐系统能捕捉用户兴趣的细微变化和潜在倾向，根据用户的浏览和购买记录，结合季节变化和流行趋势，为用户推荐最适合的商品（图 2-18）。

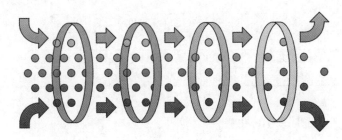

数据分析　　　兴趣建模　　　趋势整合　　　个性化推荐

图 2-18　Napkin.ai 生成 AIGC 用户数据与产品推荐

在新闻资讯方面，像今日头条这样的新闻聚合平台利用 AI 算法，根据用户的阅读习惯和兴趣，动态生成个性化的新闻推送。如果一个用户经常阅读科技新闻和健康资讯，系统就会优先为其推送这两个领域的内容，同时适当穿插一些其他领域的热点新闻，以保持信息的多样性。

短视频平台的 AI 算法也展现出了强大的个性化能力。这些系统能根据用户的观看习惯，推荐最适合的短视频内容。在推荐过程中，AI 不仅考虑用户喜欢的内容类型，还会分析用户的观看时长、互动频率等因素，以提供更精准的内容推荐。

2.3.3 AI 赋能创意产业从辅助到协作

在创意产业中，AIGC 正在成为创作者强大的智能助手，为创意策划提供新的工具和方法。AIGC 在创意过程中的应用主要体现在创意启发与趋势分析、内容构思与框架生成、角色设计与世界观构建、创意评估与市场预测、多版本创意生成与 A/B 测试，以及跨媒体创意适配与内容转化等方面。

在创意启发与趋势分析方面，AI 系统可以分析海量的市场数据和社交媒体趋势，为创意工作者提供灵感和洞察。例如，在时尚设计领域，AI 可以预测下一季可能流行的颜色、款式和材质,帮助设计师快速捕捉市场动向。

在内容构思与框架生成方面,AI模型能根据文本描述生成多个视觉创意方案。例如,广告设计师可以输入"中国风现代办公室",系统就会生成多个符合描述的室内设计图,为设计师提供灵感和参考。

游戏设计是AIGC应用的另一个重要领域。一些游戏公司的AI创作平台能为游戏设计师生成丰富的角色设定和世界观背景。设计师只需输入一些关键词,如"远古东方奇幻世界",系统就会生成一系列符合这一主题的角色设定、场景描述和背景故事。

在创意评估与市场预测方面,一些电商平台的AI系统能对创意方案的潜在市场表现进行预测和评估。例如,它可以分析历史销售数据和当前市场趋势,预测不同产品包装设计的销售潜力,帮助企业做出更明智的决策(表2-2)。

表2-2　AIGC在创意策划各环节的具体应用

创意环节	AIGC应用	具体功能	价　值
创意启发	趋势分析	阿里巴巴"达摩院"预测时尚趋势	把握市场动向,激发创意灵感
内容构思	框架生成	百度ERNIE-ViLG 2.0生成视觉创意	加速创意过程,拓展思路
角色设计	世界观构建	网易AI平台生成游戏角色设定	丰富角色库,辅助世界观构建
创意评估	市场预测	阿里巴巴智慧系统预测产品表现	降低投资风险,优化决策
多版本创意生成	A/B测试	京东AI广告系统自动化测试	持续优化创意效果
跨媒体创意适配	内容转化	字节跳动AI文字转为短视频	确保全渠道创意一致性

2.3.4　AI与人类创造力的平衡

尽管AIGC在内容产业中展现出巨大潜力,但我们需要认识到,真正卓越的创意仍然源于人类独特的想象力、文化洞察力和情感共鸣能力。AIGC的价值在于辅助和增强人类的创造力,而非取代它。

我们还需要警惕技术带来的潜在风险,如内容同质化、隐私保护、著作权问题等。在追求个性化的同时,如何保持内容的多样性和平衡性,避免"信息茧房"效应,也是内容平台需要认真考虑的问题。

未来,随着AIGC技术的不断进步,我们可以期待看到更多令人惊叹的人机协作创意案例。创意产业的从业者需要积极学习和掌握这些新工具,将AIGC的能力与自身的专业素养相结合,在AI赋能的新时代保持创新优势。

总体来说,AIGC正在深刻改变内容产业的生产模式、传播方式和消费体验。只有在充分发挥AI优势的同时,也重视人类创造力的独特价值,我们才能在这场内容革命中取得真正的突破,创造出更加丰富、多元和有价值的内容生态系统。

2.4　AI辅助编辑与翻译：提高效率与准确性

在内容生产的复杂流程中,编辑和翻译是两个至关重要但常常被低估的环节。编辑工作负责把关内容质量,确保作品的准确性、连贯性和可读性;而翻译则是打破语言障碍的桥梁，让内容能够触达更广泛的全球受众。传统的编辑和翻译工作高度依赖人力，不仅耗时耗力，而且容易出现疏漏和错误。然而，随着人工智能技术的快速发展，AI 正在为这两个领域带来前所未有的高效与智能变革。

2.4.1　AI 辅助智能校对与内容优化

在编辑方面，AI 正在成为编辑们的得力助手。基于先进的自然语言处理技术，AI 编辑工具能够自动检查文章中的拼写、语法、标点符号等各种错误，大幅减轻了人工校对的负担。一些更为先进的智能工具甚至可以评估文章的可读性、分析文风的一致性，并提供针对性的优化建议。

国内外的科技公司和研究机构都在积极开发 AI 辅助编辑工具。例如，百度的文心系列 AI 模型不仅可以进行文本纠错，还能够进行智能排版和内容优化。阿里巴巴的通义 AI 系统则可以对文章进行深度语义分析，提供结构优化建议。这些工具通常具备自动纠错、文本分析、结构优化等功能，能够显著提高编辑效率。

在实际应用中，许多媒体和出版机构已经开始尝试使用 AI 辅助编辑工具。例如，新华社开发的"媒体大脑"系统能够对新闻稿件进行智能校对和优化，不仅可以纠正常见的语法错误，还能根据新闻写作规范提供改进建议。这大幅提高了新闻生产的效率和质量。新华智云自主研发的这一系统覆盖了媒体生产的全流程，包含七大子系统和多款"媒体机器人"，为专业媒体人提供了从内容创作到分发的全方位支持。"媒体大脑"已在全国两会、服贸会等重大活动报道中得到应用，并服务于从中央到地方的各级媒体，累计服务超过 900 家媒体机构，充分展示了 AI 在提升媒体生产效率和内容质量方面的巨大潜力（图 2-19～图 2-21）。

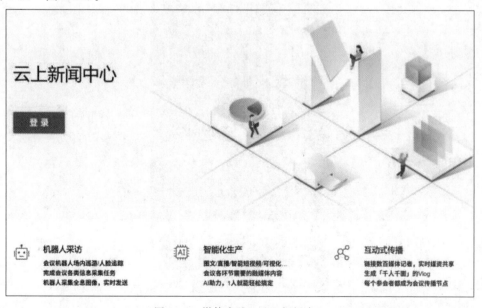

图 2-19　媒体大脑：云上新闻中心

图 2-20　媒体大脑：MAGIC 短视频生产平台

图 2-21　报社用"媒体机器人"制作短视频

2.4.2　AI 打破语言障碍

在翻译领域,近年来兴起的神经机器翻译(NMT)技术正在掀起一场翻译革命。不同于传统的基于规则或统计的机器翻译,NMT 利用深度学习模型,可以更好地理解语言的上下文语义,生成更加通顺、自然的译文。这项技术的进步使得机器翻译的质量有了质的飞跃,在某些领域甚至已经接近人工翻译的水平。

国内外的科技巨头都在 AI 翻译领域进行着激烈的竞争和创新。例如,腾讯的"腾讯翻译君"在专业领域翻译方面表现突出。这些公司借助海量的多语种语料库和先进的深度学习算法,不断提升其翻译系统的性能(图 2-22)。

图 2-22　腾讯翻译君的应用解决场景

在实际应用中,AI 翻译技术已经在多个领域展现出巨大潜力。例如,阿里巴巴的跨境电商平台使用 AI 翻译技术实现了商品描述的多语言自动翻译,大幅提高了跨境交易的效率。字节跳动旗下的抖音国际版 TikTok 则利用 AI 翻译技术实现了视频内容的实时多语言字幕生成,促进了全球用户之间的内容交流(图 2-23)。

对内容创作者而言,AI 翻译工具的出现极大地提高了内容本地化的效率。借助智能翻译的辅助,创作者可以更轻松地让自己的作品跨越语言的界限,触达全球受众。一些更为先进的智能工具还可以根据不同国家和地区的文化习俗,对译文进行自动调整,实现真正意义上的"因地制宜"。

然而,我们也要清醒地认识到,尽管 AI 翻译技术取得了长足进步,但在处理文学作品、法律文件等需要高度准确性和文化敏感度的内容时,机器翻译的质量仍然无法完全媲

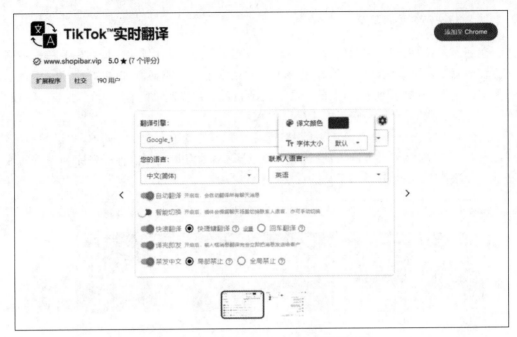

图 2-23　抖音国际版 TikTok 实时翻译插件

美专业人工译者。因此，对于这些重要内容，仍然需要人工进行把关和润色。

2.4.3　辩证看待 AI 编辑和翻译

AI 编辑和翻译工具的兴起，一方面彰显了 AI 在内容产业中的广泛应用前景，另一方面不可避免地引发了一些担忧和争议。有人担心，AI 的普及会导致大量编辑和译者失业；也有人质疑，过度依赖 AI 可能会导致内容趋于同质化，丧失人类创作的独特性和多样性。

对此，我们需要辩证地看待 AI 带来的机遇与挑战。一方面，我们要充分认识到 AI 带来的效率提升和能力增强；另一方面，我们要深刻理解人类智慧在创意、文化理解和情感表达等方面的不可替代性。

在实践中，许多机构已经开始探索人机协作的新模式。例如，新华社的"媒体大脑"系统在辅助新闻编辑工作时，采取了"AI 初审＋人工复核"的工作流程，既提高了效率，又保证了内容质量。在翻译领域，一些翻译公司开始采用"机器翻译＋人工后编辑"的模式，大幅提高了翻译效率，同时保证了翻译质量。

展望未来，AI 辅助编辑与翻译工具将继续发展，变得更加智能和精准。我们可以预见，这些工具将更加深入地理解文本语义，更好地把握文化差异，甚至能够模仿特定的写作风格或翻译风格。但与此同时，人类编辑和译者的角色也将随之发展，从烦琐的基础工作中解放出来，转而专注于更高层次的创意性工作和质量把控。

在这个 AI 快速发展的时代，编辑和译者们大可以将 AI 工具视为得力助手，利用它们提高工作效率，去除烦琐的重复劳动，从而将更多精力投入需要人类独特洞察力和创造力的工作中。只有这样，我们才能在 AI 时代充分发挥人机协作的优势，创造出更高质量、更富创意的内容。

2.5　文学创作中的 AI：挑战与机遇

随着人工智能技术的迅速发展，特别是大语言模型的出现，AI 开始涉足文学创作这一传统上被视为人类智慧高地的领域。这一现象引发了文学界、技术界乃至整个社会的广泛讨论。核心问题包括：AI 是否具有真正的文学创作能力？AI 写作对人类文学创作将产生何种影响？传统作家应如何看待并应对 AI 带来的挑战与机遇？

2.5.1　AI 文学创作的技术现状与局限性

从技术角度来看，尽管如 DeepSeek、GPT-4 等先进的语言模型已经能够生成结构完整、语言流畅的文本，但它们在情感深度、思想高度和审美创造等方面仍然存在明显局限。AI 所习得的主要是语言规律和叙事模式，而非人类独特的生命体验和情感洞察。

在国内，百度、阿里巴巴、腾讯等科技巨头都在积极开发大语言模型。例如，百度的文心一言模型已经展示出了强大的文本生成能力，能够创作诗歌、散文等文学形式。然而，这些模型在创作真正富有深度和情感的文学作品方面仍面临挑战。

2.5.2　AI 文学创作的实践探索

尽管存在局限，AI 在某些特定类型的文学创作中已经展现出了潜力。一个具有代表性的案例是百度在 2023 年推出的文心一言大模型。据百度官方报道，文心一言不仅能够生成各类文本，还具备创作诗歌的能力。在一次公开演示中，文心一言能够根据给定的主题和格式要求，快速创作出符合平仄韵律的古诗。这种能力展示了 AI 在处理结构化、规则明确的文学形式时的优势。

另一个值得关注的案例是科大讯飞的 AI 写作助手。据科大讯飞官方介绍，其 AI 系统能够辅助用户进行各类文学创作，包括小说、散文等。虽然这个系统主要定位为辅助工具，但它的存在表明 AI 技术正在逐步渗透到文学创作的各个环节（图 2-24）。

这些实践探索引发了学术界和文学界对 AI 创作能力的广泛讨论。尽管目前 AI 在创作真正富有深度和情感的文学作品方面仍面临挑战，但其在某些特定领域的表现已经引起了人们的关注。这不仅展示了 AI 在格律严谨、形式固定的文学体裁中的创作潜力，也为未来 AI 与人类在文学创作领域的协作开辟了可能性。

2.5.3　人机协作：文学创作的新范式

一些前卫作家已经开始尝试将 AI 融入创作过程并公开表示在创作过程中使用了 AI 辅助工具，认为 AI 为作家提供了新的创作方式和思考角度。这种尝试展示了人机协作在文学创作中的可能性。

人机协作模式可能会成为未来文学创作的一个重要趋势。在这种模式下，AI 可以承担信息收集、初步文本生成等基础工作，而人类作家则专注于创意构思、情感表达和作品

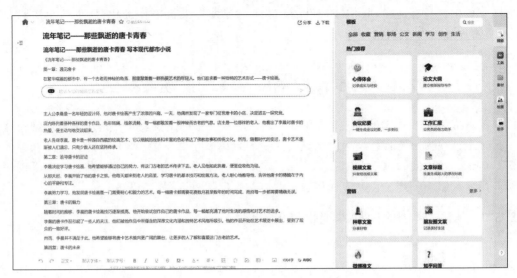

图 2-24　科大讯飞的 AI 写作助手

最终打磨。这种协作方式有望提高创作效率，同时保持作品的人文特质（图 2-25）。

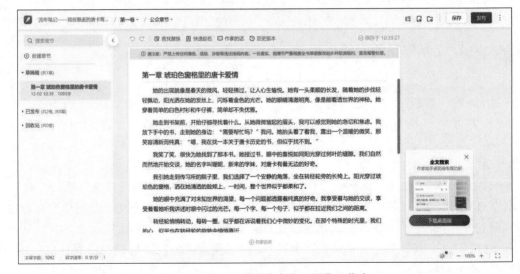

图 2-25　起点中文网作家专区写作工作台

2.5.4　AI 文学创作的伦理与法律挑战

　　AI 介入文学创作也带来了一系列复杂的伦理和法律问题。中国人民大学法学院张新宝教授和博士研究生卞龙在《比较法研究》2024 年第 2 期中发表《人工智能生成内容的著作权保护研究》一文中，对 AI 创作的版权问题进行了探讨。文章指出，目前的著作权法框架难以完全适应 AI 创作的新情况，建议在立法层面对 AI 创作的版权归属和保护进行明确规定。

　　同时，中国作家协会也开始关注 AI 写作对文学创作生态的影响。2024 年 9 月，中国作家协会举办了"AI 语境下的文学创作与接受"座谈会。探讨 AI 技术对文学创作的影响,包括 AI 是否可能取代作家、文学的未来发展方向等。中国作家协会通过参与和组织此类活动,展现了其对新兴技术如人工智能在文学创作领域应用的关注和思考,同时为文学创作者和研究者提供了一个探讨和交流的平台。

2.5.5　AI 时代的文学创作展望

从长远来看,AI 很可能会重塑整个文学创作生态。一方面,AI 降低了创作门槛,可能会吸引更多人参与文学创作,催生更加多样化的作品。另一方面,AI 的广泛应用也可能加剧文学领域的同质化和浅薄化。

面对这种双刃剑效应,未来的作家需要更深入地思考如何彰显人类智慧的独特价值,如何在 AI 辅助下创作出真正富有人性光辉的作品。我们可以预见,未来可能会出现更多专门面向作家的 AI 辅助创作工具,这些工具不仅能提供写作建议,还能进行情感分析和读者反应预测。

AI 给文学创作带来的影响是深远而复杂的。它重新定义了创作的主体、过程和形式,提出了新的伦理和法律难题,催生了人机协作的新模式。这场变革既令人兴奋,又引发忧虑。对此,我们不妨采取开放而审慎的态度:一方面积极探索 AI 工具在文学创作中的应用,另一方面坚守文学创作的人文精神和情感深度。

在这个 AI 与文学交融的新时代,作家、技术开发者、出版机构和读者都需要共同努力,探索 AI 与文学创作的和谐共生之道。只有这样,我们才能在保持文学艺术本质的同时,充分发挥 AI 技术的潜力,创造出更加丰富多彩的文学世界。

本章小结

本章深入探讨了 AI 文本生成技术的原理、应用和发展趋势,展现了人工智能如何重塑文字创作的格局。通过对技术进展、创作实践和产业变革的全面考查,我们看到 AI 不仅在提升内容生产效率方面发挥着重要作用,更在开创新的创作范式和表达方式。

在技术层面,我们详细剖析了大语言模型的工作原理和最新进展。从文心一言到通义千问,从星火大模型到 GPT 系列,再到 DeepSeek 这些 AI 系统展现出了越来越强大的语言理解和生成能力。特别值得注意的是,中国本土模型在中文处理和文化理解方面的突出表现,为创作者提供了更贴近本土需求的智能工具。

在创意写作方面,我们探讨了 AI 如何作为创作者的智能助手,在灵感激发、内容生成和作品优化等环节提供支持。通过具体案例,我们看到 AI 不是要取代人类的创造力,而是为创作者提供了新的表达可能和工作方式。这种人机协作的模式正在重新定义创意写作的流程和方法。

在内容产业方面,我们见证了 AI 如何推动内容生产的智能化转型。从新闻写作到文案创作,从内容编辑到翻译工作,AI 技术正在提升内容生产的效率和质量。特别是在个性化内容服务方面,AI 展现出了独特的优势,能够为不同用户提供"千人千面"的内容体验。

在文学创作领域,我们深入探讨了 AI 介入带来的机遇与挑战。虽然 AI 在生成基础文本方面表现出色,但在情感深度、思想高度和审美创造等方面仍存在明显局限。这提醒我们,在拥抱新技术的同时,也要坚守文学创作的人文精神和艺术追求。

在下一章中,我们将转向视觉创作领域,探索 AI 如何改变图像生成和处理的方式,开启设计创作的新纪元。让我们带着对 AI 文本创作的深入认识,继续探索人工智能与创意设计的精彩对话吧!

练习与思考

(1)设计并完成一个"AI 文学创作实验"。选择一个经典文学作品的片段,使用不同的 AI 写作工具(如 DeepSeek、GPT 系列模型、文心一言等)进行改写和风格转换。对比分析不同工具的输出效果,总结 AI 在文字创作中的优势和局限。实验报告需包含原文、AI 创作版本和详细的对比分析。

(2)探讨"AI 写作对文学创作的影响"。分析 AI 介入后对作家创作过程、文学风格、读者接受等方面带来的变革。思考 AI 是否会改变文学创作的本质,以及未来作家如何与 AI 工具协同创作。论述应结合当前文学界对 AI 写作的不同观点。

第 3 章

视觉魔法：AI 图像生成的奇幻世界

章节导语

在人工智能技术的推动下，视觉艺术创作正经历着前所未有的变革。从 AI 绘画到风格迁移，从 3D 建模到虚拟场景创建，AIGC 技术正以惊人的速度重塑视觉创意的边界。本章将带学生探索 AI 视觉创作的奇幻世界，深入理解艺术与科技融合的无限可能。

本章从 AI 绘画技术的发展脉络开始，探讨它如何从简单的风格迁移发展到今天的智能创作。通过分析当下主流的 AI 视觉工具，理解其技术原理和应用场景。同时，本章关注 AI 与人类艺术家的协作关系，思考科技赋能下的艺术创新方向。特别值得关注的是，我们将深入探讨 AI 生成图像所展现的新美学特征，理解这种新型视觉语言对艺术发展的深远影响。

作为未来的设计师，掌握 AI 视觉创作技术将提高学生的竞争力。本章的学习不仅帮助学生了解相关技术原理，更重要的是启发学生思考如何在保持艺术本质的同时，充分运用 AI 工具拓展创作边界。让我们一起探索 AI 与视觉艺术碰撞出的璀璨火花吧！

学习目标

知识目标：

(1) 系统理解 AI 视觉生成技术的原理和发展脉络。

(2) 准确把握主流 AI 视觉工具的特点和应用场景。

(3) 深入认识 AI 生成图像的美学特征和视觉语言。

能力目标：

(1) 培养运用 AI 工具进行视觉创作的实践能力。

(2) 提升在人机协作环境下的艺术创新能力。

(3) 发展对 AI 生成内容的审美评价能力。

素养目标：

(1) 树立正确的艺术创作观，平衡技术与艺术的关系。

(2) 培养创新意识，勇于探索新型视觉表达方式。

(3) 建立终身学习意识，持续关注 AI 视觉技术的发展。

3.1 AI 绘画与设计：艺术与科技的融合

AI 绘画或称计算机视觉艺术，正以惊人的速度发展，成为技术与艺术融合的新高地。从最初的风格迁移到如今的文本到图像生成，AI 绘

色彩与 AIGC 的奇妙邂逅

画经历了几次重要的技术突破,带来了一次次审美范式的革新。而随着 AI 设计工具的兴起,设计行业也迎来了"智能化"变革的新浪潮。这场变革不仅改变了创作的方式和工具,更在重塑我们对艺术本质的理解。

3.1.1　AI 绘画的技术演进

AI 绘画技术的发展可以追溯到 2015 年前后,当时深度学习算法开始被应用于艺术创作。随后,风格迁移、GAN 等算法的出现,让 AI 艺术创作进入了快速发展期。这些算法可以学习艺术家的创作风格,自动生成具有某种美学特征的图像,极大拓宽了创作的表现力。

在国内,百度的"文心一格"是较早推出的 AI 绘画平台之一。2022 年,百度升级了"文心一格",引入了 ERNIE-ViLG 2.0 模型,实现了从文本到图像的精准生成。用户只需输入一段文字描述,AI 就可以根据描述生成相应的图像。这项技术不仅能创作写实风格的图像,还能生成水墨、国画等具有中国特色的艺术风格,展现了 AI 在文化传承和创新方面的潜力(图 3-1、图 3-2)。

图 3-1　文心一格:AI 绘画平台

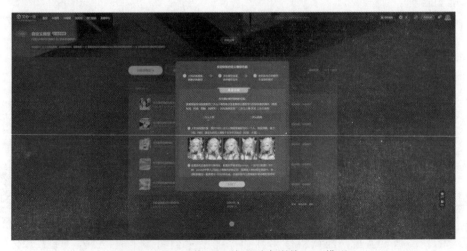

图 3-2　文心一格:AI 绘画平台训练 lora 模型

3.1.2　AI 绘画工具的兴起

当下炙手可热的 AI 绘画工具包括国外知名平台 Midjourney，以及国内商汤科技的"秒画"、字节跳动旗下的"即梦 AI"等。这些工具集成了先进的图像生成算法，具备强大的图像理解和生成能力。

以商汤科技的"秒画"为例，用户可以通过输入文字描述，选择风格和主题，生成符合要求的图像。例如，输入"一只戴着眼镜的熊猫正在写书"，AI 就能生成相应的可爱图像。这种交互方式极大降低了创作门槛，激发了用户的创意灵感（图 3-3）。

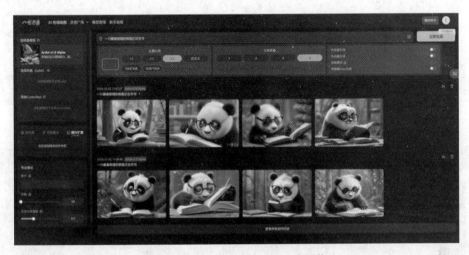

图 3-3　秒画 SenseMirage 生成图像

字节跳动旗下的"即梦 AI"。这款 AI 绘画工具不仅支持文本到图像的生成，还提供了图像编辑和优化功能。用户可以通过文字描述生成初始图像，然后使用 AI 辅助工具进行细节修改和风格调整。这种"人机协作"的模式为创作者提供了更大的创作空间和控制力（图 3-4~图 3-6）。

图 3-4　即梦 AI 生成图像

图 3-5　即梦 AI 生成图像编辑

图 3-6　即梦 AI 实时画布功能

这些 AI 绘画工具的出现不仅改变了艺术创作的方式，也正在重塑艺术市场和艺术教育的生态。它们为普通用户提供了轻松创作的机会，同时为专业创作者提供了新的创作工具和灵感来源。

3.1.3　AI 设计工具的应用

在设计领域，AI 工具正受到越来越多设计师的青睐。国内外都有不少公司推出了 AI 辅助设计工具。例如，一些智能设计平台可以根据设计需求自动生成海报、banner 等营销素材。还有一些平台能够自动生成产品详情页、店铺装修等电商设计。

这些工具不仅提高了设计效率，也为设计师提供了更多的创意参考。例如，某些平台能够分析大量优秀设计案例,学习其中的设计规律,然后根据用户需求自动生成符合美学标准的设计方案。设计师可以在此基础上进行进一步的调整和优化。

3.1.4　AI 绘画与设计的影响和挑战

AI 绘画和设计工具的出现正在重塑艺术创作和设计行业的生态。一方面,这些工具降低了创作门槛,使得更多人能够参与艺术创作,引发了全民创作浪潮。另一方面,它们为专业创作者提供了新的工具和灵感来源,拓展了创作的可能性。

然而,AI 绘画和设计还存在一些局限。例如,生成图像在细节处理、逻辑一致性上有待提高,在创意性和艺术性上也难以和人类艺术家比肩。以"文心一格"为例,虽然它能生成精美的图像,但在处理复杂的人物姿态或细节丰富的场景时,仍有提升空间(图 3-7)。

图 3-7　文心一格:生成敦煌飞天形象

此外,AI 设计方案有时缺乏人性化考量,需要设计师把关。例如,某些 AI 设计平台虽然能生成美观的设计,但可能无法充分考虑品牌调性、目标受众心理等因素,仍需设计师进行调整和优化。

3.1.5　伦理与版权问题

AI 绘画和设计的兴起也带来了一系列伦理和版权问题。例如,AI 生成的图像是否应该受到版权保护? 如果 AI 在学习过程中使用了受版权保护的作品,生成的新作品是否构成侵权? 这些问题在国内外都引发了广泛讨论。

国内外的相关机构和专家已经开始关注这一问题。一些研讨会和论坛上,专家们探讨了 AI 艺术创作的伦理规范和版权保护问题。普遍认为,需要建立 AI 艺术创作的伦理准则,明确 AI 生成作品的版权归属,保护人类艺术家的权益。然而,这些问题的解决仍需要更多的讨论和实践。

3.2 风格迁移与创意重组：AI 图像生成的奇幻世界

如果说 AI 绘画、设计工具为我们打开了一扇通往视觉奇幻世界的大门，那么风格迁移、图像重组等 AIGC 技术就是这个奇幻世界的创意原料。它们让我们得以随心所欲地"混搭"视觉元素，创造出超越现实的梦幻画卷。

3.2.1 风格迁移实现艺术风格的魔法变换

风格迁移是指将一幅图像的风格"迁移"到另一幅图像上，使其呈现出某种艺术家或流派的视觉特征。这一技术源自 2015 年的一篇论文，此后在学术界和工业界引发了广泛关注。风格迁移的实现依赖于卷积神经网络，通过学习大量图像数据，网络可以提取图像的内容特征和风格特征，再将两者"融合"，生成具有特定风格的新图像。

例如，我们可以用立体派的画风去渲染一张风景照片，让照片呈现出几何化的视觉效果；也可以用后印象派的笔触去重绘一幅肖像画，让画面焕发出浓郁的色彩魅力。风格迁移打破了图像内容和风格的界限，让我们能以"像素画笔"尽情挥洒创意，这不仅拓展了艺术表达的可能性，也为传统文化的创新传承提供了新的途径（图 3-8～图 3-10）。

图 3-8　Midjourney 生成几何化的风景

3.2.2 生成模型创造全新的视觉风格

在风格迁移的基础上，一些先进的生成模型进一步突破了局限。这些模型不仅能解构和学习印象派大师莫奈的光影技法、凡·高的情感笔触、达利的超现实想象，还能深入理解东方水墨画的意境表达、浮世绘的构图美学、克里姆特的装饰图案等多元艺术语言的分布特征。通过深度学习，AI 能够自主解构和重组这些艺术元素，将康定斯基的抽象几何、马蒂斯的色彩表现、波洛克的行动绘画等看似互不相容的艺术风格有机融合，创造出

图 3-9　Midjourney 几何化色块重绘生成喀纳斯风格

图 3-10　Midjourney 几何化色块重绘生成黄山云雾

超越单一流派的"联合画风"（图 3-11）。

　　这种跨流派的风格整合不止于简单叠加，而是对艺术本质的重新诠释：它可以将文艺复兴的明暗法则与东方水墨的留白艺术结合，把未来主义的动态表现与禅宗美学的静谧意境融合，甚至能让巴洛克的戏剧性与极简主义的纯粹感产生独特共鸣。这种打破文化藩篱的创作方式，为艺术创新提供了前所未有的想象空间，也为不同文明间的视觉对话开辟了崭新途径（图 3-12）。

3.2.3　图像重组实现视觉元素的创意拼接

　　另一项与之相关的技术是图像重组。它利用分割、检测等计算机视觉算法，将图像

图 3-11　Midjourney 融合印象派超现实主义和新表现主义的海岸日落场景

图 3-12　Midjourney 东西艺术融合的戏剧性极简山水场景

"解构"为各个组成部分,然后对这些部分进行复制、删除、替换、拼接,创造出全新的图像构成。例如,我们可以把一张集体照中的某个人物抠出来,放到另一张风景照里,合成一张看似真实的"PS照片"。再如,我们可以用 AI 生成的创意素材去填充、扩展一张图画的背景,让画面呈现出奇幻的视觉张力(图 3-13、图 3-14)。

　　这项技术在电影特效、虚拟现实等领域有着广泛应用,不仅推动了文化创意产业的发展,也为科普教育、文化遗产保护等领域提供了新的工具和方法。

3.2.4　新的视觉表达方式激发无限创意

　　风格迁移和图像重组技术的魅力,在于它们为视觉创意提供了一种全新的表达方式。

图 3-13　Midjourney 生成真实的合成场景

图 3-14　Midjourney 场景扩图

借助这些技术，我们可以打破视觉元素组合的常规，激发"跨界"的创意灵感。设计师可以用其快速尝试不同的设计风格组合，摄影师可以用其创造出超现实的影像世界，艺术家可以用其探索抽象与具象的无限可能……这些技术正在开创一种"解构主义"和"重构主义"的视觉美学，为艺术创新和文化传播注入了新的活力。

3.2.5　人机协作成为创意的主导力量

当然，风格迁移和图像重组的创意魅力很大程度上取决于人的参与。机器只是材料和工具，缺少了人的构思、选择和把控，再先进的技术也难以产生艺术价值。因此，AIGC图像的生成过程本质上是人机交互、智能协同的过程。在这个过程中，人的创意始终扮演主导角色(图 3-15)。

图 3-15　Midjourney 莫奈风格的展厅设计

　　这种人机协作模式不仅提高了创作效率,还能激发艺术家的创意灵感,产生意想不到的艺术效果。更重要的是,它体现了人类在科技发展中的主体地位,展示了人与机器和谐共处、共同进步的美好愿景。

　　随着 AI 算法越来越精准地理解和模拟人类的审美偏好,风格迁移和图像重组技术必将得到更广泛应用,成为视觉创意行业的标配能力。同时,这些技术或将催生出全新的视觉元素"混搭"范式,让我们的视觉文化更加丰富多元。

3.3　3D 建模与虚拟场景创建: AI 在游戏与电影中的应用

　　3D 内容制作一直是游戏、电影等数字娱乐产业的重要环节。传统的 3D 建模和场景创建高度依赖美术设计师的手工劳作,不仅成本高昂、周期冗长,在真实感和细节表现上也受到诸多限制。如今,AIGC 正在为这一领域注入新的智能动能,让 3D 世界的构建变得前所未有的高效和写实。AI 技术在 3D 建模与虚拟场景创建中的应用正在快速发展,不仅提高了生产效率,还为创作者提供了更多的创意可能性(图 3-16)。

图 3-16　Midjourney 太阳神鸟主题 VR 展厅

3.3.1　AI 驱动的自动化 3D 建模

在 3D 建模领域,AI 驱动的自动化建模工具正在兴起。这些工具利用机器学习算法,可以从 2D 图像、3D 扫描数据等中自动"提取"3D 模型。例如,Nvidia 推出的 GET3D,可以学习大量 3D 模型数据,然后根据用户输入的文本描述或 2D 草图,自动生成相应的 3D 模型;Adobe 的 Substance 3D Sampler 能够从 2D 图像生成 3D 纹理和材质。这些工具不仅极大提高了 3D 内容的生产效率,降低了制作门槛,还能够生成传统方法难以实现的复杂几何结构和纹理细节。设计师可以利用这些工具快速创建初始模型,然后进行微调和优化,大大缩短了从概念到成品的时间。

3.3.2　神经辐射场技术的应用

以神经辐射场(neural radiance field,NeRF)为代表的 AI 算法正在重塑 3D 内容的生产范式。NeRF 可以学习物体在不同视角下的表现,从而构建出逼真的 3D 模型。利用 NeRF,我们可以用相机从各个角度拍摄真实物体,然后让算法自动学习并生成 3D 模型。这一技术不仅能够捕捉物体的几何形状,还能精确还原其表面材质和光照效果,实现前所未有的真实感。在电影制作中,NeRF 技术有望革新虚拟制片流程,让导演能够在后期自由调整摄像机角度和光照条件,大幅降低实景拍摄的成本和难度。此外,NeRF 还在虚拟现实、增强现实等领域展现出巨大潜力,为创建沉浸式数字体验提供了新的可能性。

3.3.3　游戏引擎中的 AI 辅助工具

在虚拟场景创建领域,游戏引擎与 AIGC 的结合正在上演。Unity、Unreal 等主流游戏引擎都推出了 AI 辅助工具,可以根据设计需求自动生成地形、植被、建筑等场景元素,并能根据游戏逻辑实时调整场景布局。例如,Unreal Engine 的 Procedural Content Generation 系统可以根据简单的参数设置自动生成复杂的自然景观,包括山脉、河流、植被分布等。这些工具不仅节省了设计师的时间,也让场景呈现出更自然、动态的效果。此外,AI 还被用于自动生成游戏关卡、优化游戏性能、创建智能 NPC 行为等方面,极大地提升了游戏开发的效率和游戏体验的质量(图 3-17)。

3.3.4　AI 在电影视觉特效中的应用

AI 在电影视觉特效中的应用也方兴未艾。视觉特效公司 Weta Digital(现为 Weta FX)开发的多项 AI 工具,可以自动生成高度写实的数字人物(digital human),还原人物的细微表情和动作。这些技术在《猩球崛起》《阿凡达》等大片制作中发挥了重要作用。随着深度学习技术的发展,AI 甚至可以在视频中实时修改或替换元素,大幅拓展了影视创作的想象空间。此外,AI 还被广泛应用于特效合成、动作捕捉优化、场景重建等多个方面。例如,通过机器学习算法,可以自动去除绿幕背景、优化动作捕捉数据、修复和增强老旧影像等。这些技术不仅提高了特效制作的效率和质量,还为电影创作带来了新的艺术表现可能性。

图 3-17　Midjourney 太阳神鸟主题 VR 场景

3.4　AI艺术家与人类艺术家的协作：创意与创新

从某种意义上说，人工智能正在成为一种新的"创作主体"。随着 AIGC 技术的发展，涌现出一批专门从事 AI 艺术创作的技术工作室和艺术家群体，"AI 艺术家"的概念开始进入大众视野。那么，AI 艺术家会取代人类艺术家吗？未来，两者将呈现怎样的协作关系？对此，艺术界还未形成定论，但讨论本身已经凸显了这个话题的重要性。

AIGC辅助艺术创作案例分享

3.4.1　人工智能与人类智慧的创意互补

从创意生成的角度看，人工智能和人类智慧各有所长。AI 擅长基于海量数据进行模式识别和组合创新，可以快速生成大量的创意素材和创意方案。以文本到图像生成为例，AI 可以根据用户输入的文本提示，在短时间内返回数十乃至上百张相关图像。这些图像在构图、风格上呈现多样性，为创作者提供了丰富的灵感来源（图 3-18～图 3-20）。

图 3-18　Midjourney 服装手绘草图设计

图 3-19　Midjourney 服装手绘效果图设计

图 3-20　Midjourney 服装效果图生成

相比之下，人类的创意过程则更强调主观能动性和独特性。人类艺术家善于将个人经历、情感体悟融入作品，让作品折射出鲜明的个人风格。这种独特性是 AI 难以模仿的。人类艺术家的创作往往蕴含着深刻的文化内涵和时代精神，体现了对社会现实的思考和对人性的洞察。

3.4.2　人机协作成为艺术创作的新范式

从创作实现的角度看，人机协作或将成为主流范式。

一方面，AI 可以辅助艺术家完成创作的某些环节，如构图设计、色彩搭配、笔触渲染等。一些画家已经开始尝试用 AI 工具生成创作素材，然后在此基础上进行二次创作。

这种人机协作可以显著提高创作效率,让艺术家将更多精力投入决策和表达环节。

另一方面,艺术家可以利用 prompt engineering 等技巧,调教 AI 模型以适应个人创作需求。通过精心设计 prompt,艺术家可以让 AI 更好地理解创作意图,输出与个人风格契合的内容。可以预见,这种"软件定制"能力将成为未来艺术家的核心竞争力之一。

这种协作模式不仅提高了创作效率,也为艺术创新开辟了新的可能性。它体现了科技与艺术的深度融合,展示了人类在利用先进技术推动文化创新方面的智慧和能力。

3.4.3　AI 艺术获得市场认可与评价争议

从作品评价的角度看,市场和专业机构对 AI 艺术的接受度在不断提高。2018 年,由 AI 创作的肖像画《爱德蒙·贝拉米的肖像》(图 3-21)在佳士得拍卖会上以 43.25 万美元成交,创下了 AI 艺术品的价格纪录。此后,越来越多的画廊、展览开始纳入 AI 艺术作品,一些专门评选 AI 艺术的奖项也应运而生。这表明,AI 正在被视为一种新的艺术创作方式,并逐渐获得主流艺术界的认可。

图 3-21　《爱德蒙·贝拉米的肖像》AI"创作"的画像

然而,AI 艺术的崛起也引发了不少争议。有人质疑,AI 作品是否具有真正的艺术原创性;也有人担心,AI 可能会挤占人类艺术家的创作空间。从创作主体来看,AI 模型本身是基于已有数据训练而成的,其创新更多是组合式的,而非原生性的。从创作动机来看,AI 不具备人类的情感和欲望,缺少艺术创作的内在驱动力。

这些争议反映了人们对艺术本质和价值的思考,也体现了在新技术冲击下,社会对传统文化价值观的坚守。我们需要在创新与传承之间找到平衡,既要积极拥抱新技术带来的机遇,又要坚持艺术创作的人文精神和文化内涵。

3.4.4　人机共生开启艺术创作新维度

人工智能与人类智慧在艺术创作中将形成更加紧密的"共生"关系。人类艺术家将以更开放的心态拥抱 AI,并掌握必要的技术技能,以发挥 AI 的智能优势。而 AI 则将不断

"进化"，学习人类艺术家的思维和审美，用更丰富、更精准的方式回应艺术家的创作需求。

在这个过程中，"人机协作"将成为常态，而非例外。不同的艺术家在协作模式、介入方式上或有差异，但协作、共创的大方向不会改变。这种新的创作模式将推动艺术表现形式的多元化，丰富艺术的内涵和外延，为人类文化的发展注入新的活力。

如今，AI 已经进入艺术创作的视野，并引发了人们对创意本质、艺术价值的新一轮思考。这是人类艺术发展史上具有里程碑意义的时刻。未来，人机协作将开启艺术创作的新维度。在这个维度上，人类艺术家和 AI 将携手探索视觉表达的更多可能，共同书写艺术史的崭新篇章。

3.5 AI生成图像的美学特征：新的视觉语言

随着 AIGC 在图像生成领域的不断突破，一种新的视觉审美正在显现。纵观不同 AI 生成图像的样本，我们不难发现其中蕴含的一些共同美学特征。这些特征正在构成一种新的视觉语言，为我们认知和想象世界提供全新的视角。

3.5.1 超现实主义风格的视觉奇观

AI 生成图像常常呈现出一种超现实、魔幻的视觉风格。这源于 AI 算法善于捕捉事物之间的隐性关联，并将这些关联以出人意料的方式组合呈现。例如，AI 可能会生成一匹"长着翅膀的马"，或是一棵"燃烧着火焰的树"。这些超现实的意象组合，打破了我们对事物的固有认知，释放了想象力的自由。在审美层面，它引发了一种奇幻、不安、悬念等复合情感体验。这与 20 世纪初兴起的超现实主义美学遥相呼应。这种超现实主义风格不仅拓展了艺术表现的边界，也为我们理解和表达复杂的现实世界提供了新的可能。它体现了人类在科技进步背景下对现实与虚幻、理性与非理性关系的新思考（图 3-22、图 3-23）。

图 3-22　长着翅膀的马

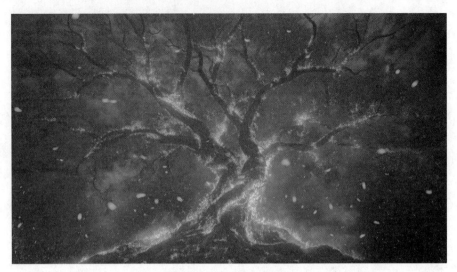

图 3-23　燃烧着火焰的树

3.5.2　抽象表现主义的情感表达

与其说 AI 在描绘具体事物,不如说它在表达一种抽象的情绪或意念。AI 作品常常弱化细节刻画,而强化笔触、色块、肌理的表现力。例如,一幅 AI 风景画可能着重渲染自然光影的变幻,一幅 AI 肖像画可能着重捕捉人物的内心情绪。在这里,形似已不再重要,画面传达的"感觉"才是关键。这与抽象表现主义的理念不谋而合。两者都关注"主观表现",而非"客观再现"。这种抽象表现主义的倾向反映了 AI 在处理复杂信息时的独特方式。它提醒我们,在信息爆炸的时代,如何抓住事物的本质,传达深层的情感和思想,是艺术创作需要思考的重要问题。

3.5.3　拼贴艺术的后现代解构

拼贴是后现代艺术的标志性手法,而 AI 生成图像恰恰具有鲜明的拼贴属性。由于 AI 算法善于发现事物的局部相似性,它常常将来自不同语境的视觉元素拼合在一起,制造出一种荒诞、怪异、幽默的效果。例如,AI 可能会将一张人脸与一辆汽车"拼接",暗示人与机器的同构关系。或是将一只猫头鹰与一座城堡"融合",营造出一种神秘、哥特式的氛围。这些拼贴图像挑战了事物存在的逻辑边界,体现出一种后现代的解构精神。这种拼贴艺术不仅展现了 AI 的创造力,也反映了当代社会文化的多元性和碎片化特征。它启发我们以更开放、包容的视角看待世界,在看似矛盾的元素中寻找新的联系和意义(图 3-24、图 3-25)。

3.5.4　像素艺术的数字美学

AI 生成图像在细节处理上往往有"像素化"倾向,这源于算法对图像的离散化处理机制。这种像素化风格与 20 世纪 80 年代盛行的像素艺术形成了呼应。两者都借助像素这一数字媒介的最小单位,用离散的方式重构连续的现实。在 AI 图像中,模糊、噪点、色块

图 3-24　人脸与汽车"拼接"

图 3-25　猫头鹰与一座城堡"融合"

切换等"瑕疵"元素不再是缺陷，反倒彰显了一种数字原生的美学品格。这或许代表了一种新的"数字崇高"的视觉范式。像素艺术的复兴不仅体现了技术与艺术的融合，也反映了人们对数字时代审美的新认知。它提醒我们，在追求精细完美的同时，也要欣赏数字媒介本身的独特魅力。

3.5.5　美学特征的交织与融合

需要指出的是，这些美学特征并非各自孤立，而是相互交织，彼此呼应。比如，超现实主义的意象组合常常通过拼贴手法实现；抽象表现主义的笔触肌理常常呈现像素化风格。种种特征汇聚成了 AI 图像的独特美学图景。这种美学特征的交织融合，体现了 AI

的综合处理能力，也反映了当代艺术的多元化趋势。它启发我们在艺术创作中打破界限，勇于尝试不同风格和技法的创新组合。

3.5.6　AI 视觉语言的文化意义

从更广阔的视角看，上述特征反映了人工智能独特的认知和表达方式。与人类不同，AI 没有意识，没有主体性，其创作过程是对数据模式的匹配与重组。因此，AI 生成图像往往彰显出一种非理性、非中心化的视角，展现出一幅被"解构"和"重构"的世界图景。对人类而言，这是一种陌生的视觉体验，但也昭示了认知世界的一种新的可能性。

这种新的视觉语言不仅拓展了艺术表现的边界，也为我们理解和表达复杂的现实世界提供了新的工具。它启发我们以更开放、多元的视角看待世界，在科技与艺术、理性与感性之间寻找平衡。

AI 正以图像生成等方式介入人类的视觉文化建构。随着 AIGC 技术的成熟，AI 生成图像或将形成一种独特的美学流派，并最终融入未来艺术的版图中。对人类艺术家而言，了解 AI 的视觉语言，学会欣赏和利用其中的美学元素，将是一项必修课。这不仅有助于拓宽创作视野，也有助于重新审视人类的创作图景。

本 章 小 结

本章深入探讨了 AI 在视觉艺术领域的创新应用，展现了人工智能如何重塑视觉创作的范式。从技术突破到实践应用，从人机协作到美学创新，我们见证了一场视觉艺术的革命性变革。

在技术层面，我们详细剖析了 AI 绘画从风格迁移到生成模型的发展历程。特别是对"文心一格""秒画"等中国本土 AI 视觉平台的深入分析，展示了中国在这一领域的创新实践。这些工具不仅降低了创作门槛，更为专业创作者提供了新的表达可能。

在应用领域，我们探讨了 AI 在 3D 建模、虚拟场景创建等方面的突破性进展。从游戏开发到电影制作，AI 正在改变视觉内容的生产方式。尤其值得注意的是 NeRF 等新技术的出现，为 3D 内容创作开辟了全新思路。

在人机协作方面，我们见证了 AI 从辅助工具到创作伙伴的转变。AI 不是要取代人类艺术家，而是为创作者提供了新的表达工具和创意来源。这种协作模式正在重新定义艺术创作的过程和方法。

在美学探索方面，我们深入分析了 AI 生成图像的独特视觉语言。从超现实主义风格到像素艺术美学，AI 正在创造新的视觉表达范式。这些特征不仅拓展了艺术表现的边界，也为我们理解和表达世界提供了新的视角。

在下一章中，我们将关注 AI 图像处理技术，探索如何运用智能工具优化和提升视觉作品的表现力。让我们带着对 AI 视觉创作的深入认识，继续探索人工智能与创意设计的精彩对话吧！

练习与思考

（1）开展"AI艺术风格研究"实践。使用 Midjourney 或 Stable Diffusion 等工具，创作一系列具有不同艺术风格（如印象派、超现实主义、波普艺术等）的图像。记录创作过程中的提示词设计、参数调整和效果优化，分析 AI 在不同艺术风格模拟中的表现。

（2）探究"AI图像生成对视觉艺术的冲击"。分析 AI 绘画工具对传统视觉艺术创作方式的革新，以及对艺术家角色定位的影响。思考 AI 是否会形成新的艺术范式，以及如何平衡技术创新与艺术本真性。

第 4 章

影像工坊：AI 图像处理的无限可能

 **章节导语**

在人工智能快速发展的今天，AI 图像处理技术正以前所未有的方式重新定义视觉内容的优化和增强。从基础的修复增强到艺术化的滤镜特效，从智能摄影辅助到深度图像分析，AI 正在为视觉创作者提供越来越强大的工具支持。本章将带学生深入探索 AI 图像处理的核心技术和创新应用，了解如何运用这些智能工具提升视觉作品的表现力。

本章首先探讨 AI 在图像修复与增强方面的突破性进展，以及如何利用智能算法提升图像质量；随后，关注 AI 滤镜与特效的创新应用，体验科技如何赋能艺术表达。在智能摄影领域，本章介绍 AI 如何改变从拍摄到后期的全流程。最后，本章探索 AI 图像分析与理解的前沿发展，思考机器视觉给创意产业带来的新机遇。

作为未来的设计师，掌握 AI 图像处理技术将显著提高学生的专业竞争力。本章的学习不仅帮助学生了解相关技术原理，更重要的是启发学生思考如何在实际工作中灵活运用这些工具，创造出更具表现力的视觉作品。

让我们走进这个由算法驱动的影像工坊，感受智能时代图像处理的非凡魅力吧！

学习目标

知识目标：

(1) 深入理解 AI 图像处理的核心技术原理和应用方法。

(2) 系统掌握主流 AI 图像处理工具的特点和使用技巧。

(3) 准确认识 AI 在图像分析与理解领域的最新进展。

能力目标：

(1) 培养运用 AI 工具进行图像优化和创作的实践能力。

(2) 提升在人机协作环境下的视觉表现力和创新能力。

(3) 发展对 AI 辅助图像处理效果的评估和调优能力。

素养目标：

(1) 树立正确的工具应用观，平衡技术与艺术的关系。

(2) 培养实验精神，勇于探索新型图像处理方法。

(3) 建立专业素养，在技术发展中保持创新意识。

4.1　智能图像修复与增强：AI 图像处理的基础

图像修复和增强是图像处理中常见也非常重要的任务。前者旨在去除图像中的瑕疵、噪声、伪影等，恢复图像的原貌；后者则在保真的基础上，对图像的色彩、对比度、清晰度等进行优化，使视觉效果更佳。传统的图像修复和增强主要依靠人工操作，费时费力。如今，AI 正以其高效、智能的方式重塑着图像修复和增强的工作流程。

4.1.1　AI 图像修复的突破性进展

在图像修复领域，基于深度学习算法的 AI 工具展现出了突出的能力。这些工具可以实现图像的智能修复和编辑，效果堪比专业修图软件。例如，用户用画笔在图像中圈出需要修复的区域，并用文字描述修复后的效果，AI 就能自动实现区域内容的修复和融合。

腾讯 ARC Lab（AI 研究中心实验室）开发的 AI Demo 中的人像修复功能就是一个典型案例，它能够自动修复老照片中的划痕、褪色等问题，甚至可以补全破损的图像区域。这种技术不仅提高了工作效率，也为文化遗产保护、历史照片修复等领域提供了新的可能性（图 4-1）。

图 4-1　腾讯 ARC Lab 人像修复

此外，一些主流图像编辑软件如 Adobe Photoshop 也推出了 AI 修复工具，使图像修复的自动化、智能化水平大幅提升。这些 AI 图像修复技术能够帮助我们更好地保存和传承珍贵的视觉文化遗产，为后人留下更清晰、完整的历史影像记录。

4.1.2　AI 图像增强的创新应用

在图像增强方面，超分辨率、HDR（high dynamic range，高动态范围）合成等 AI 技术正在蓬勃发展。超分辨率（super-resolution）技术利用 AI 算法，将低分辨率图像智能放大为高分辨率图像，同时保持细节和纹理。这项技术突破了传统图像放大的限制，使我们能从低质量图像中"挖掘"出更多视觉信息。

HDR 合成技术则利用 AI 算法，自动将多张不同曝光度的图像融合成一张高动态范围图像，使画面呈现出更丰富、更真实的色彩层次。腾讯 ARC Lab 的动漫增强功能就是一个很好的例子，它能够提升动漫图像的清晰度和细节表现，为动漫爱好者带来更优质的视觉体验（图 4-2）。

图 4-2　腾讯 ARC Lab 动漫增强

这些技术不仅在摄影艺术中有广泛应用，也在科研、医疗等领域发挥着重要作用。例如，在医疗影像分析中，AI 增强技术可以提高 X 光、CT 等医学影像的清晰度和对比度，帮助医生更准确地诊断疾病。

4.1.3　AI 驱动的图像分割与识别

图像分割和识别是 AI 图像处理的重要组成部分，也是许多高级图像处理任务的基础。腾讯 ARC Lab 的 AI Demo 中的人像抠图和万物识别功能展示了 AI 在这一领域的强大能力。

人像抠图技术利用深度学习算法，能够精准地将人物从复杂背景中分离出来。这种技术不仅可以用于照片编辑，还在视频后期制作、虚拟现实等领域有广泛应用。例如，在视频会议系统中，AI 抠图技术可以实现实时背景替换，提升用户体验。

腾讯 ARC Lab 的万物识别功能则体现了 AI 在图像理解方面的进展。它能够自动识别图像中的各种物体、场景，甚至可以理解物体之间的关系。这种技术在内容分类、智能搜索、自动标注等领域有重要应用。例如，在社交媒体平台上，AI 可以自动识别用户上传的图片内容，提供智能标签建议，提升用户体验和平台运营效率（图 4-3）。

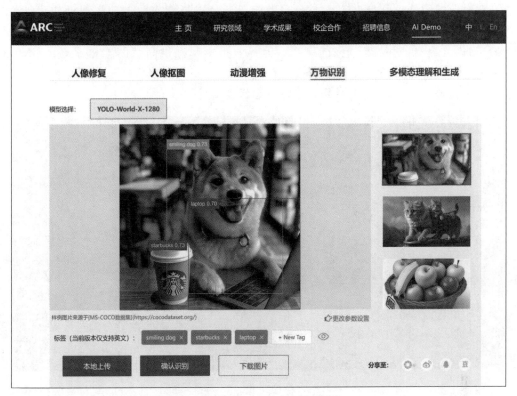

图 4-3　腾讯 ARC Lab 万物识别

4.1.4　AI 图像处理技术的挑战与展望

尽管 AI 图像处理技术取得了显著进展，但仍面临一些挑战。例如，对于严重退化或遮挡的图像，AI 修复的效果还有待提升；在保持图像真实性、自然性的同时实现增强，对算法的表达能力也提出了更高要求。

此外，AI 图像修复和增强的"黑盒"特性，有时会导致难以控制的"过度修复""过度增强"等问题，需要引入更多人机交互和参数调节机制。这些挑战反映了 AI 技术发展的复杂性，也提醒我们在追求技术进步的同时，要注重技术的可控性和伦理性。

4.2　AI 滤镜与特效：图像处理的艺术与创新

滤镜和特效是图像处理中最具创造性和表现力的元素，能够赋予图像独特的艺术风格，营造奇幻的视觉氛围，表达丰富的情感内涵。随着 AI 技术的迅速发展，人工智能正在重塑滤镜和特效的应用方式，为图像处理带来前所未有的可能性和创新。

4.2.1　专业图像处理软件中的 AI 滤镜与特效

在专业图像处理领域，AI 技术的应用正在显著提高创作效率和拓展创作可能性。Adobe Lightroom 作为行业标杆，引入了 AI 驱动的自动调整功能，能够智能分析图像内容，自动优化曝光、对比度、色彩等参数，为专业摄影师提供高效的工作流程。Skylum Luminar 则推出了 AI Sky Replacement 等创新功能，不仅可以智能识别并替换天空，还能一键优化整张图片，为风景摄影创作提供强大支持（图 4-4）。

图 4-4　Skylum Luminar 天空替换

Capture One 和 ON1 Photo RAW 等专业软件也推出了 AI 驱动的特效工具。Capture One 的智能蒙版功能可以精确识别并选择图像中的特定元素，便于进行局部调整（图 4-5）。ON1 Photo RAW 的 AI 快速蒙版工具则允许用户通过简单的笔刷操作，智能地选择特定区域进行编辑（图 4-6）。这些工具大大简化了复杂特效的创建过程，使专业创作者能够更专注于艺术表达。

图 4-5　Capture One 智能蒙版

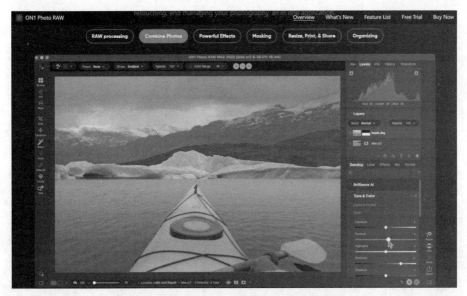

图 4-6   ON1 Photo RAW 的 AI 快速蒙版工具

4.2.2   消费级应用中的 AI 滤镜与特效

在消费级应用中，AI 滤镜和特效的应用更为广泛和多样化。移动应用 Prisma 凭借其强大的风格转换功能迅速走红，用户只需上传照片，就能将其转换成多种艺术风格。国内的美图秀秀提供了丰富的 AI 滤镜选项，包括艺术风格转换、智能美颜、场景优化等功能，使普通用户能够轻松实现专业级的图像效果。

国产软件"像素蛋糕"则通过 AI 技术实现了一键智能 Raw 转档调色、一键磨皮、全身 AI 液化等功能，进一步简化了图像处理流程，使高质量的图像编辑不再局限于专业用户（图 4-7、图 4-8）。这些应用大大降低了高质量图像创作的门槛，为普通用户提供了丰富的创作可能性。

图 4-7   像素蛋糕 AI 液化

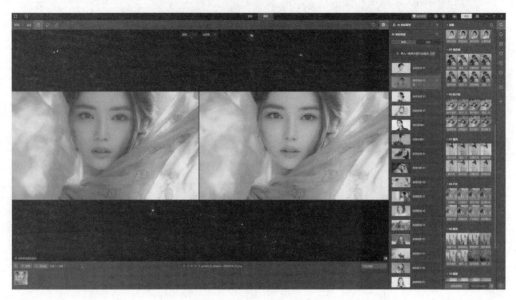

图 4-8　像素蛋糕 AI 调色

4.2.3　AI 在视频特效中的应用

　　AI 技术在视频特效领域的应用正在革新后期制作流程。英伟达的 Canvas 软件利用 AI 技术，能够根据用户的简单涂鸦自动生成逼真的风景图像，为概念艺术家和游戏设计师提供了强大的创意工具。

　　阿里巴巴达摩院推出的寻光 AI 创作平台提供了一系列革命性的 AI 驱动工具。其角色换脸功能允许无缝替换视频中人物的面容，目标消除功能能够轻松移除画面中指定的目标（图 4-9）。平台还提供了视频风格全局迁移变换、超分辨率提升、帧率控制等功能，大大提升了视频的整体质量和创作灵活性。

图 4-9　寻光 AI 视频目标消除

　　寻光平台的图层拆解和融合功能为视频编辑提供了更精细的控制，创作者可以一键拆解视频的前景图层，进行单独编辑，然后再将前景和背景无缝融合。这种精细化的编辑能力为创作者提供了更大的创作自由度。

　　Topaz Video Enhance AI 等软件专注于利用 AI 技术提升视频质量，包括超分辨率、降噪、帧率提升等功能，为影视后期制作提供了有力支持。这些工具不仅能够修复和增强老旧或质量不佳的视频素材，还能为高品质视频内容创作提供关键支持（图 4-10）。

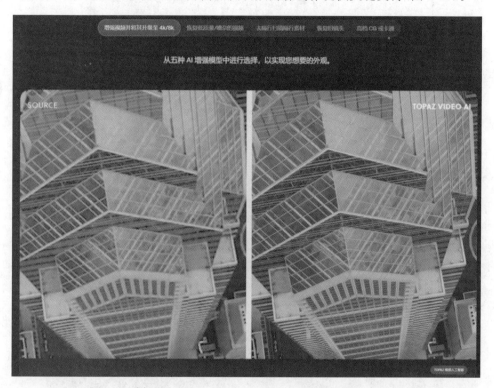

图 4-10　Topaz Video Enhance AI 视频增强

4.3　AI 驱动的智能摄影：从捕捉到创作

　　人工智能技术正在深刻改变摄影的各个环节，从拍摄到后期处理，再到图像管理和分享。AI 驱动的智能摄影不仅提高了图像质量和拍摄效率，还为摄影创作提供了新的可能性。本节将探讨 AI 技术如何在摄影全流程中发挥作用，重塑摄影的本质和边界。

4.3.1　AI 辅助拍摄：智能场景识别与优化

　　AI 技术在拍摄阶段的应用主要体现在智能场景识别和拍摄参数优化上。佳能 EOS R5 无反相机搭载的 AI 场景识别功能可以根据拍摄对象自动调整相机设置，使用户轻松拍出专业级的效果。索尼的 Real-time Eye AF 技术利用 AI 算法实时检测场景中的人眼，并自动优化对焦点，使追焦更加精准高效，大大提高了人像摄影的成功率。苹果的

Adaptive HDR 技术则通过 AI 算法智能分析场景,自动调整曝光参数,在保证高动态范围的同时,还实现了向后兼容 SDR(标准动态范围)系统的功能(图 4-11)。

图 4-11　佳能高性能自动对焦支持动物检测

4.3.2　计算摄影:突破硬件限制

计算摄影是 AI 在摄影领域的一个重要应用,它通过算法弥补或增强硬件性能,实现高质量的成像效果。华为的"超级夜景"模式就是一个典型案例,它利用 AI 算法进行多帧合成和智能降噪,使用户可以在昏暗环境下用手机拍出明亮、清晰的夜景照片。华为的 XD Fusion 影像引擎更是展示了 AI 如何在手机摄影中实现多镜头协同和计算光学,通过智能算法处理多个摄像头采集的数据,生成高质量的图像。此外,AI 还被用于生成软件散景效果和深度图,使手机也能实现类似大光圈相机的浅景深效果(图 4-12)。

图 4-12　华为手机全焦段超清影像

4.3.3　AI 后期处理:从自动化到创意增强

在后期处理阶段,AI 技术的应用主要体现在自动化调整和创意增强两个方面。Adobe Lightroom 的 AI 驱动的自动调节功能可以一键优化照片的色彩、对比度、清晰度等参数,大大提高了后期处理的效率。AI 还被广泛应用于图像修复和降噪,如 Topaz

Labs 的 DeNoise AI 和 Gigapixel AI 分别用于智能降噪和提升图像分辨率。在创意编辑方面，AI 技术实现了更复杂的效果，如基于神经网络的风格迁移可以将照片转换为不同的艺术风格，而智能抠图技术则大大简化了复杂背景下的人物提取过程。

4.3.4　智能图像管理与分享

AI 技术在图像管理和分享环节也发挥着重要作用。Google Photos 的 AI 驱动的照片管理系统可以自动为照片打标签、分类，并根据用户偏好智能推荐照片。这种智能化的管理系统不仅简化了用户的照片整理工作，还能帮助用户更好地回顾和分享生活中的精彩瞬间。AI 还被用于智能相册创建和故事生成，如苹果的"回忆"功能可以自动从用户的照片库中选择照片，并配以音乐生成视频短片。此外，一些社交媒体平台也开始使用 AI 技术优化图像分享体验，如自动裁剪图片以适应不同的显示比例，或根据图像内容生成智能标签。

4.4　图像分析与理解：AI 在图像识别中的应用

图像分析与理解是人工智能领域的核心研究方向之一，旨在赋予机器理解和解释图像内容的能力。随着深度学习算法的突破，这一领域正在迅速发展，在安防监控、医学影像、自动驾驶等多个领域展现出广阔的应用前景。

4.4.1　深度学习在图像分类中的应用

卷积神经网络（CNN）是图像分类任务中最为成功的深度学习模型之一。通过多层次的特征提取，CNN 能够有效地识别图像中的物体、场景和概念。ResNet、Inception 等经典 CNN 架构在 ImageNet 等大型图像识别竞赛中展现出超越人类的性能，准确率可达 95% 以上。这些模型被广泛应用于照片自动标注、内容检索等场景。例如，百度 PaddlePaddle 团队开发的 PaddleClas 等开源框架提供了丰富的预训练模型，使开发者能够快速构建高精度的图像分类应用（图 4-13、图 4-14）。

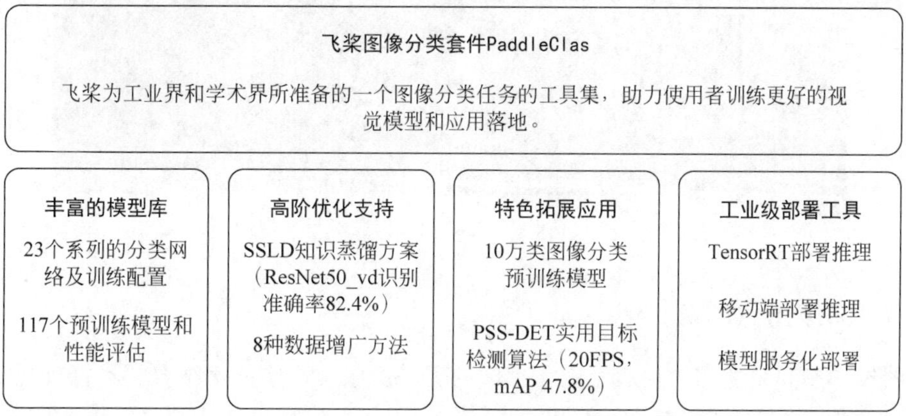

飞桨图像分类套件PaddleClas			
飞桨为工业界和学术界所准备的一个图像分类任务的工具集，助力使用者训练更好的视觉模型和应用落地。			
丰富的模型库	**高阶优化支持**	**特色拓展应用**	**工业级部署工具**
23个系列的分类网络及训练配置	SSLD知识蒸馏方案（ResNet50_vd识别准确率82.4%）	10万类图像分类预训练模型	TensorRT部署推理
117个预训练模型和性能评估	8种数据增广方法	PSS-DET实用目标检测算法（20FPS，mAP 47.8%）	移动端部署推理
			模型服务化部署

图 4-13　百度 PaddlePaddle 团队开发的 PaddleClas

图 4-14　百度 PaddleClas 的 logodet3k 文件

4.4.2　目标检测与分割技术的进展

目标检测和分割技术让机器不仅能够识别图像中的物体,还能精确定位物体位置并描绘轮廓。R-CNN(基于区域的卷积神经网络)、YOLO、Mask R-CNN(掩码 R-CNN)等算法在这一领域取得了显著进展。这些技术在无人驾驶场景中可用于实时分析路况、识别车辆和行人(图 4-15);在医疗影像分析中可辅助医生进行病灶识别和器官轮廓勾画。例如,利用 Mask R-CNN,研究人员开发出了能够自动识别和分割 CT 图像中病变的系统,大大提高了手术机器人的效率(图 4-16)。

图 4-15　利用 R-CNN 算法在无人驾驶场景实时分析路况

4.4.3　高级图像理解技术

图像描述和视觉问答代表了图像理解的更高层次。这些技术结合了计算机视觉和自然语言处理,使机器能够用自然语言描述图像内容或回答关于图像的问题。例如,Microsoft 的 CaptionBot 能够自动生成图像的文字描述,而 VQA(visual question

图 4-16　利用 Mask R-CNN 算法进行手术机器人检测与分割

answering，视觉问答）系统则可以根据图像回答用户的提问。这些技术在智能助手、内容检索和无障碍服务等领域有广泛应用。研究人员正在探索更复杂的模型，如 CLIP（contrastive language-image pre-training，对比语言-图像预训练），它通过大规模的图像-文本对训练，实现了更灵活和强大的跨模态理解能力。

4.4.4　图像分析在专业领域的应用

图像分析技术在各个专业领域都有深入应用。在工业视觉检测中，深度学习模型可以自动识别产品缺陷，提高质量控制的效率和准确性。例如，一些制造企业使用基于 CNN 的缺陷检测系统，能够在生产线上实时识别微小的表面瑕疵。在零售领域，计算机视觉技术被用于智能货架管理和客流分析，如大型超市和城市便利店就大量应用了图像识别技术实现自动结账（图 4-17）。在教育领域，基于图像识别的智能批改系统可以自动评阅手写试卷，大大提高了教师的工作效率，同时也增加了公平性。这些应用展示了图像分析技术如何在各行各业中创造价值，推动智能化转型。

图 4-17　大型超市自动结账场景

本 章 小 结

本章深入探讨了 AI 图像处理技术的多个维度,从基础修复到艺术创新,展现了人工智能如何重塑视觉内容的优化与增强。通过对各类技术和应用的系统梳理,我们看到 AI 不仅提升了图像处理的效率,更开创了全新的视觉表达可能。

在基础处理层面,我们详细剖析了 AI 在图像修复与增强方面的突破性进展。从腾讯 ARC Lab 的智能修复到 Adobe 的 AI 增强工具,这些技术不仅让受损图像重现生机,更为视觉作品注入新的生命力。特别值得注意的是,超分辨率等技术的发展为低质量图像的提升开辟了新途径。

在创意应用方面,我们探讨了 AI 滤镜与特效如何拓展艺术表达的边界。从专业级的 Lightroom 到大众化的美图秀秀,AI 正在将复杂的图像处理变得简单易用。尤其是在视频特效领域,阿里巴巴达摩院的寻光平台等创新工具展现了 AI 在动态图像处理中的无限潜力。

在智能摄影领域,我们见证了 AI 如何重构从拍摄到后期的整个工作流程。从实时场景识别到计算摄影技术,从智能后期到自动化管理,AI 正在将专业摄影的门槛不断降低,同时又为创作者提供了更多可能性。

在图像分析方面,我们深入了解了 AI 在图像识别和理解领域的最新进展。从基础的物体分类到复杂的场景理解,从工业应用到创意表达,AI 展现出了越来越强大的视觉分析能力,为创意产业带来了新的机遇。

在下一章中,我们将探讨 AI 在音频创作领域的应用,见证声音艺术的智能革新。让我们带着对 AI 图像处理的深入认识,继续探索人工智能与创意设计的精彩对话吧!

练 习 与 思 考

(1) 完成一个"AI 图像处理工作流程"设计。选择一组原始图片,运用 AI 工具进行一系列处理,包括修复、增强、风格化等。设计完整的处理流程,并对每个环节的工具选择和参数设置进行详细说明。最终提交处理前后的对比以及工作流程文档。

(2) 分析"AI 图像处理技术对摄影行业的影响"。探讨 AI 介入后摄影创作的本质变化,以及对摄影师职业发展的影响。思考如何在保持摄影艺术本质的同时合理运用 AI 技术,以及未来摄影师的角色定位。

第 5 章

声画盛宴：AI 音视频创作的多维探索

章节导语

在人工智能技术的推动下，音视频创作正经历着前所未有的变革。从 AI 作曲到智能视频剪辑，从文本生成视频到沉浸式体验设计，AIGC 正在重塑音视频内容的创作方式。本章将带学生探索 AI 在音视频领域的突破性应用，了解如何运用这些智能工具拓展创作边界，实现跨媒体艺术的创新表达。

本章从 AI 音乐创作开始，探讨人工智能如何重新定义音乐生成的可能性。通过分析当下主流的 AI 作曲工具和创作平台，理解其技术原理和应用场景。在视频创作领域，本章介绍 AI 如何从智能剪辑到生成创作，全方位改变视频内容生产方式。特别值得关注的是，本章深入探讨 AI 驱动的跨媒体艺术创作，思考科技如何打破传统艺术的界限，开创全新的表达方式。

作为未来的设计师，掌握 AI 音视频创作技术将提高学生的竞争力。本章的学习不仅帮助学生了解相关技术原理，更重要的是启发学生思考如何在保持艺术本质的同时，充分运用 AI 工具探索创新的表达可能。让我们一起探索 AI 与音视频艺术碰撞的精彩未来吧！

学习目标

知识目标：

（1）系统理解 AI 音视频生成技术的原理和发展脉络。

（2）准确把握主流 AI 音视频创作工具的特点和应用场景。

（3）深入认识 AI 在跨媒体艺术创作中的创新应用。

能力目标：

（1）培养运用 AI 工具进行音视频创作的实践能力。

（2）提升在人机协作环境下的跨媒体创新能力。

（3）发展对 AI 辅助创作效果的评估和优化能力。

素养目标：

（1）树立正确的艺术创作观，平衡技术与艺术的关系。

（2）培养跨界思维，勇于探索新型艺术表达方式。

（3）建立创新意识，在技术发展中保持艺术追求。

5.1 音乐创作的新时代：AI作曲与音乐生成

人工智能技术的飞速发展正在为音乐创作开辟新的可能性空间。从为游戏、广告配乐到创作流行歌曲、交响乐，AI正以其高效、专业的音乐生成能力，为音乐创作注入新的活力。这一技术革新不仅提高了音乐创作的效率，还为音乐创作者提供了新的灵感来源，推动音乐艺术进入一个智能化的新纪元。

AI合成的音乐

5.1.1 AI作曲的核心技术

AI作曲的核心是音乐生成模型。这些模型通过学习大量音乐数据，掌握音乐的内在规律和风格特点，进而根据用户输入的主题、情绪、风格等条件，自动生成相应的音乐片段。在技术层面，音乐生成模型主要基于深度学习中的Transformer结构和生成对抗网络。Transformer善于建模音乐的长期依赖关系，捕捉旋律、和弦的演进规律；GAN则在生成音频的真实感、丰富度上具有优势。一些模型还融合了强化学习，让AI在生成音乐的过程中根据反馈动态优化，以期获得更加悦耳动听的效果。

OpenAI的Jukebox是一个典型的AI音乐生成模型，它能够生成包括流行、古典、嘻哈在内的多种风格音乐，其质量已经相当接近人类创作。Jukebox使用了一种基于Transformer的自回归模型，通过对原始音频波形进行编码和解码，实现了对音乐的精细控制。这使得Jukebox不仅能生成旋律和和声，还能模拟特定歌手的声音和唱腔特点。

谷歌的MusicLM则展示了AI音乐生成的另一个方向。MusicLM可以根据文字描述生成配乐，让用户用语言"写"出心中的旋律。这种文本到音乐的生成方式，为音乐创作提供了全新的交互方式。MusicLM使用一种层次化的序列到序列模型，能够捕捉音乐的长期结构，并根据文本描述生成符合特定风格和情感的音乐。

5.1.2 AI作曲工具的应用与发展

在应用层面，AI作曲工具已经开始走向大众。Amper Music是一个面向普通用户的AI作曲平台，用户只需选定歌曲的风格、情绪、长度等参数，AI即可自动生成对应的音乐。Amper Music使用了一种基于规则和机器学习相结合的方法，能够快速生成符合特定场景需求的音乐。这种工具不仅为音乐爱好者提供了一个探索音乐创意的新途径，也为没有专业音乐背景的创作者提供了便利。

AIVA（artificial intelligence virtual artist）是另一个值得关注的AI作曲平台。AIVA专注于为电影、广告、游戏等领域提供配乐服务。它使用了深度学习和符号AI相结合的方法，能够生成复杂的、情感丰富的音乐作品。AIVA的一个特点是，它能够学习和模仿特定作曲家的风格，这为音乐创作提供了新的可能性（图5-1）。

国内的网易天音音乐创作平台展示了AI作曲在流行音乐领域的创新应用。该系统可以根据用户输入的文本智能生成原创歌曲，涵盖歌词、旋律和编曲等多个音乐创作环节。天音平台采用了基于深度学习的端到端生成模型，能够协同处理文本和音乐信息，实现从文字到完整歌曲的一体化创作（图5-2）。

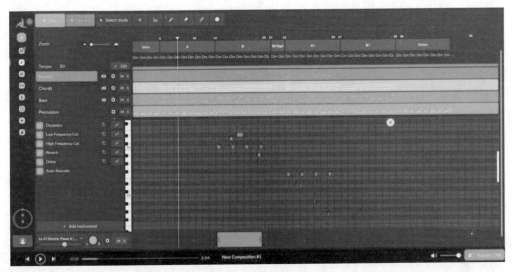

图 5-1　AIVA 作曲平台

图 5-2　网易天音音乐创作平台

5.1.3　AI 音乐创作的专业化发展

　　AI 音乐创作的发展也引起了专业音乐机构的关注。2024 年 9 月在浙江音乐学院举行的全球 AI 歌曲创作大赛，是全球首个由专业音乐机构发起的国际性 AI 音乐赛事。这一赛事吸引了来自全球的 147 件 AI 音乐作品参赛，其中不少作品来自 AIGCxChina、WaytoAGI 等国内 AI 创作者社群。

　　这类赛事的举办意义重大。首先，它为 AI 音乐创作提供了一个专业的展示和交流平台，促进了技术与艺术的对话。其次，通过专业评审的评判，有助于建立 AI 音乐创作的质量标准，推动 AI 音乐向更高水平发展。最后，这类赛事也吸引了公众对 AI 音乐创作的关注,有助于 AI 音乐技术的普及和应用。

在商业领域,AI 作曲也展现出巨大潜力。许多游戏公司和广告公司已开始采用 AI 作曲工具,为其产品生成配乐。相比传统的人工作曲,AI 作曲在效率和成本上具有明显优势,可以在短时间内生成大量音乐素材,满足不同场景的需求。例如,一些游戏开发商使用 AI 生成动态背景音乐,根据游戏情节和玩家行为实时调整音乐风格和情绪,大大提升了游戏的沉浸感。

AI 作曲与音乐生成技术正在深刻改变音乐创作的方式和音乐产业的格局。它不仅为专业音乐人提供了强大的创作工具,也为普通人参与音乐创作开辟了新的途径。随着技术的不断进步和应用范围的扩大,我们可以期待 AI 在音乐领域带来更多令人兴奋的创新和突破(表 5-1)。

表 5-1 AI 作曲典型流程

步 骤	名 称	描 述
1	数据收集与预处理	收集大量音乐样本,包括不同风格、时期的作品。对音乐数据进行清洗、标注和格式化
2	特征提取	分析音乐样本,提取节奏、和声、旋律、音色等特征
3	模型训练	使用深度学习算法(如 LSTM、Transformer)训练 AI 模型,学习音乐结构和创作规律
4	创作参数设置	设定作曲目标,如风格、情感、长度等参数
5	音乐生成	AI 模型根据设定参数生成新的音乐作品
6	后期处理	对 AI 生成的原始音乐进行修饰,如音色渲染、混音等
7	人工审核与调整	音乐专业人员审核 AI 作品,必要时进行微调或重新生成

5.2 智能视频剪辑: AI 在视频编辑中的应用

人工智能技术正在深刻改变视频编辑的方式,从自动选段、智能配乐到特效合成、内容理解,AI 在视频编辑各环节的应用正在全面铺开,让视频剪辑从"手艺活"走向"智能化"。这一技术革新不仅提高了视频制作效率,还为创作者提供了新的创意可能性,推动视频创作进入一个智能化的新时代。

5.2.1 AI 视频剪辑的核心技术

AI 视频剪辑的核心是视频内容理解和生成技术。通过对视频内容的智能分析,AI 可以理解视频的语义内涵,自动提取关键片段、识别人物场景、生成字幕描述等。在此基础上,AI 可进一步根据剪辑意图,如节奏、风格、情感基调等,自动选取、组接视频片段,并加入转场、特效、配乐,生成连贯、专业的视频作品。

以视频摘要生成为例,首先需要用目标检测、场景分割等视觉算法分析视频内容,提取人物、场景等关键信息;然后采用语音识别、情感分析等技术分析视频音频,理解语义和情感;再通过自然语言生成模型,综合多模态信息,生成视频摘要文本;最后利用强化学习等算法，根据摘要动态选取视频片段，拼接成连贯的视频故事。

在具体实现中，不同的 AI 视频剪辑功能采用不同的技术路线。例如，角色换脸功能通常使用生成对抗网络实现面部特征的无缝替换。目标消除功能则采用图像修复技术，在移除目标后填补空缺区域。风格变换功能基于神经风格迁移技术，而超分辨率功能则使用超分辨率生成对抗网络等深度学习模型。

5.2.2　AI 视频剪辑工具的应用案例

在具体应用中，AI 剪辑工具正在新闻制作、影视后期、短视频创作等领域大放异彩。在影视后期制作中，许多现代影视作品开始运用 AI 技术进行自动素材归类、智能场景识别和自动特效合成，为剪辑师节省了大量时间。比如在一些商业广告和网络视频的制作过程中，AI 辅助剪辑已经显示出其提升效率的优势。这种技术不仅加快了后期制作流程，还为创作团队提供了更多的创意空间。

在国内，多款具有 AI 功能的视频剪辑软件已经成为内容创作者的得力助手。字节跳动旗下的剪映提供智能剪辑、智能调色、AI 特效等功能。万兴喵影集成了多项 AI 智能功能，包括一键提取纯净人声的 AI 智能人声分离、基于文本快速剪辑的智能文字快剪、让慢动作画面更流畅的 AI 智能补帧，以及简化抠像工作的 AI 智能遮罩等功能。这些智能化工具大大降低了视频制作的门槛，为新手创作者提供了直观、高效的剪辑体验（图 5-3～图 5-8）。

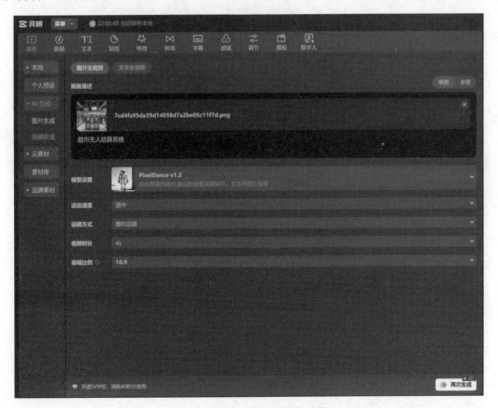

图 5-3　剪映：图片生视频功能

图 5-4　剪映：AI 特效

图 5-5　万兴喵影：AI 智能人声分离

图 5-6　万兴喵影：智能文字快剪

图 5-7　万兴喵影：AI 智能遮罩

图 5-8　万兴喵影：更多 AI 功能

5.2.3　AI 视频剪辑在短视频领域的应用

随着短视频等新型视频业态的兴起，一批面向普通用户的智能剪辑 App 也应运而生。主流短视频平台都推出了智能剪辑功能，大大降低了视频创作的门槛。这些平台的智能剪辑功能可以根据用户上传的原始视频自动生成多个版本的短视频，包括自动选取精彩片段、添加背景音乐、应用滤镜效果等。

快手推出的可灵 AI 平台展示了 AI 视频创作的进展。该平台集成了文生图、文生视频等功能，并不断升级其基础模型。平台推出了高画质版本，以及首尾帧控制、镜头控制、运动笔刷等编辑能力。创作者可以生成较长时间的文生视频，增加了创作的灵活性（图 5-9、图 5-10）。

图 5-9　可灵 AI 平台：一键生成模特上身服装效果

图 5-10 可灵 AI 平台：首尾帧控制功能

5.2.4 AI 在新闻媒体视频生产中的应用

在新闻媒体领域，AI 技术也正在深刻改变视频新闻的生产方式。以新华社为例，其技术子公司新华智云自主研发了覆盖媒体生产"策、采、写、编、发、审"全流程的"媒体大脑"。这一系统是宣传系统、媒资机构、企事业单位等融媒体中心的中台系统，提供数据支撑和底层能力。

"媒体大脑"包含七大子系统：智能选题、智能媒资、智能生产、智能审核、智能版权、智能传播及智能运营。其中，MAGIC 短视频智能生产平台专注于短视频新闻的创作，涉及新闻创作的策划、采访、编辑、发布、审核等环节，全方位提高了视频制作的自动化水平。

该平台还包括多种专门的"媒体机器人"。突发事件识别机器人能在重大突发事件发生时，调用现场摄像画面，截取事件突发时的视频，结合其他专门机器人自动生成新闻内容。针对会议报道、新闻发布等特定场景，平台也开发了专门的场景机器人进行覆盖。此外，平台还包括事实核查机器人、文字识别机器人、人脸追踪机器人、智能选题机器人等专项功能机器人，全面提升新闻生产的智能化水平。

这些 AI 驱动的工具和系统极大地提高了新闻视频的生产效率，使得媒体机构能够更快速、更全面地报道新闻事件，同时也为新闻工作者提供了强大的辅助工具，使他们能够更专注于深度报道和内容创新。

通过以上案例，我们可以看到 AI 技术在视频剪辑和制作领域的广泛应用，从个人创作到专业媒体生产，AI 都在发挥着越来越重要的作用。这些技术不仅提高了视频制作的效率，也为创作者提供了更多的可能性，推动了整个视频产业的发展。作为未来的数字创意人才，了解和掌握这些 AI 技术将成为重要的职业技能（表 5-2）。

表 5-2　智能视频剪辑流程表

步　骤	名　　称	描　　述
1	素材导入与分析	导入素材并使用 AI 算法进行内容分析，包括视觉和音频分析
2	智能选段与剪辑	基于分析结果和用户需求，自动选择最佳片段并进行初步剪辑
3	特效与配乐添加	智能推荐并添加适合的特效、转场和配乐
4	字幕生成	自动生成字幕，包括语音转文字和必要的翻译
5	人工调整与优化	用户对 AI 生成的结果进行微调和创意优化
6	智能导出	根据目标平台自动调整参数并导出最终视频

5.3　从文本到动态影像的革命性飞跃：AI 生成视频

AI 视频生成技术正在引发内容创作领域的一场革命。通过深度学习和多模态预训练，AI 模型能够将文本描述转化为引人入胜的视频内容。这一技术突破不仅改变了创作方式，也正在重塑我们对视觉叙事的理解。对于设计类专业的学生和从业者来说，理解和掌握这些技术将为他们的创作提供强大的工具和全新的视角。

5.3.1　AI 视频生成技术的核心原理

AI 视频生成技术的核心在于其先进的深度学习架构和多模态预训练方法。比如 Sora 模型结合了扩散模型、Transformer 架构和多模态学习的特点，通过将视频压缩到低维潜在空间并分解为时空补丁，实现了不同视觉数据的统一表示形式。这种方法不仅提高了生成视频的质量和连贯性，还增强了模型对复杂场景和动作的理解能力。

例如，快手 AI 团队开发的可灵大模型采用了与 Sora 相似的技术路线，并结合了多项自研技术创新，使其在视频生成方面具有显著优势，能够模拟现实世界的物理特性。字节跳动公司开发的即梦则提供了多样的创作模式，支持文字描述和图片上传生成视频，并具备智能画布和故事创作模式，为创作者提供了丰富的工具。

5.3.2　多模态融合与物理规律模拟

AI 视频生成技术的另一个关键在于多模态融合和理解。这些模型能够同时处理文本、图像和视频信息，并在这些不同模态之间建立深层联系。智谱清言的清影 AI 能够融合文本、图像和视频的多模态输入，这种能力使得模型可以更准确地理解用户意图，并生成符合要求的视频内容。

在物理规律模拟方面，多个模型展现了令人印象深刻的能力。它们能够生成符合真实世界物理特性的视频，包括物体的运动、光影变化、流体动力学等复杂现象。这些技术对于产品设计和工业设计的学生来说尤为重要，可以帮助他们更好地模拟和展示产品在实际使用环境中的表现。

5.3.3 长时间视频生成与一致性维持

长时间视频的生成一直是 AI 视频技术面临的一大挑战。一些先进的模型能够生成长达一到两分钟的高质量视频。这种突破不仅体现在时长上,更重要的是在长时间视频中保持内容的一致性和连贯性(表 5-3)。

表 5-3 AI 视频生成制作流程

步　骤	子　步　骤	详　细　描　述
1. 数据准备	1.1 数据收集	获取多样化的高质量视频素材,包括不同类型和风格
	1.2 数据预处理	清洗视频,统一格式,分割成适当长度的片段
	1.3 数据标注	添加内容描述、风格特征和关键帧标记
2. 特征提取和模型设计	2.1 视觉特征提取	使用预训练模型提取视频帧的视觉和时间动态特征
	2.2 模型架构设计	设计基于 Transformer 或 GAN 的深度学习架构
	2.3 多模态输入处理	实现支持文本和图像提示的输入处理机制
3. 模型训练	3.1 预训练	使用大规模数据集进行无监督预训练
	3.2 对比学习	实施对比学习策略提高模型的特征提取能力
	3.3 任务微调	针对特定任务和风格进行有监督微调
4. 视频生成	4.1 提示工程	解析用户输入,设计和扩展生成指令
	4.2 关键帧生成	基于提示生成初始关键帧序列
	4.3 完整视频生成	生成中间帧,应用迭代优化确保连续性和质量
5. 风格迁移和质量增强	5.1 风格迁移	实现基于参考的风格迁移,保持视频风格一致性
	5.2 超分辨率处理	应用超分辨率技术提升视频清晰度和细节
	5.3 色彩和效果优化	进行色彩校正、去噪和图像增强
6. 后期处理和评估	6.1 音视频同步	添加音频轨道,确保与视频内容同步
	6.2 特效和稳定化	添加特效和转场,应用视频稳定化技术
	6.3 质量评估	进行自动化和人工评估,收集用户反馈以持续改进

实现长时间视频生成的关键在于模型的记忆能力和上下文理解能力。例如,一些模型采用的扩散 Transformer 架构具有较强的长程依赖建模能力,使其能够在较长的时间跨度内保持视频内容的一致性。智象未来开发的 Viva 支持文本到视频、图像到视频的多种生成方式,并提供 AI 图像增强和 4K 分辨率视频增强功能,为创作者提供了高质量的视频制作工具。

5.4 沉浸式体验设计:AI 在 VR/AR 中的应用

随着虚拟现实(VR)和增强现实(AR)技术的发展,人工智能在构建沉浸式体验中扮演着越来越重要的角色。从场景构建、人机交互到内容生成,AI 正以多种形态参与到 VR/AR 的设计开发中,让用户获得前所未有的沉浸感和代入感。

5.4.1 AI 赋能 VR/AR 场景构建

AI 大幅提升了 VR/AR 场景构建的效率和质量。传统的 3D 场景构建需要大量的人工建模和渲染，工作量大、周期长。借助 AI 的图形理解和生成能力，设计师可以更高效、更智能地完成场景创作。

Meta 研发的 Implicit3D Understanding 算法是一个革新性的环境理解技术。该算法可以基于视频流实时重建物理环境的数字孪生，通过结合深度学习和几何推理，从单目相机输入中推断场景的 3D 结构、物体语义和光照条件。在 AR 应用中，这种高精度的环境理解能力使虚拟内容能够更自然地与现实环境融合，比如根据场景光照调整虚拟物体的明暗效果，或基于空间结构提供精确的室内导航。此外，通过对物体语义的识别，该算法还能实现更丰富的交互体验，为教育、游戏、建筑设计等领域带来新的应用可能（图 5-11）。

图 5-11　基于 2D 关键点的 3D 物体类别重建

百度 VR 实验室开发的实时场景重建技术，通过深度学习算法能够从 2D 图像快速生成高质量的 3D 场景模型。与传统三维建模方法相比，这项技术显著提升了制作效率，能够生成逼真度高、细节丰富的虚拟场景。该技术在虚拟旅游领域可创建身临其境的景点体验，在文化遗产数字化方面则助力珍贵文物的保护和传播，为 VR 内容创作提供了更高效的解决方案。

5.4.2　AI 驱动的智能人机交互

AI 为 VR/AR 带来了更自然、更智能的人机交互能力。基于深度学习的语音识别、手势识别、情感识别等技术，使用户可以以更自然的方式与虚拟世界互动。

微软的 HoloLens 2 采用了 AI 驱动的手部追踪和眼球追踪技术，大大提升了 AR 交互的精准度和自然度。其中，手部追踪使用了基于深度学习的关键点检测算法，能够实时准确地识别和跟踪用户的手部动作，实现精确的虚拟物体操作。

华为公司的 VR Glass 智能眼镜则展示了 AI 在提升用户体验方面的应用。它采用了基于 AI 的动态刷新率调节技术，能够根据用户的头部运动和视线变化，实时调整显示刷新率，既保证了流畅的 VR 体验，又有效降低了功耗，延长了设备的使用时间。

5.4.3 AI 赋能 VR/AR 内容创作

AI 正成为 VR/AR 的内容创作利器。英伟达公司的 NeRF 技术使用神经网络表示 3D 场景,可以从少量 2D 图像重建复杂的 3D 环境。这项技术极大地简化了 VR 内容的创建过程,使得从真实世界快速创建 VR 环境成为可能。

百度 VR 实验室开发的"AI 虚拟主播"技术展示了 AI 在 VR 内容创作中的另一种应用。该技术利用深度学习算法,可以根据文本输入自动生成虚拟人物的口型、表情和肢体动作,大大简化了 VR 直播和虚拟演播室的制作流程。

在游戏开发领域,Unity 的 ML-Agents 工具包展示了 AI 在内容创建中的潜力。开发者可以使用 ML-Agents 训练 AI 代理,使其学习复杂的行为模式,从而在 VR 游戏中创造更智能、更具挑战性的 NPC。

5.4.4 AI 优化 VR/AR 系统性能

AI 在 VR/AR 系统的底层技术优化中也发挥着重要作用。Oculus(现为 Meta)开发的 ASW(asynchronous spacewarp,异步空间扭曲)技术使用 AI 算法预测和合成中间帧,有效降低了 VR 体验中的延迟和卡顿,从而减少了用户的不适感。

Google 的 Seurat 技术利用机器学习算法优化高质量 VR 场景的渲染。Seurat 可以将复杂的 3D 场景简化为一系列几何和纹理数据,大大减少了渲染所需的计算资源,同时保持了场景的视觉质量。这项技术在移动 VR 应用中特别有价值。

5.5 打破界限的创作:AI 驱动的跨媒体艺术

在人工智能时代,艺术创作正经历一场前所未有的变革。AI 不仅在各个艺术领域内展现出惊人的能力,更重要的是,它正在成为打破艺术界限、推动跨媒体融合的强大催化剂。这种由 AI 驱动的跨媒体艺术正在重新定义创作的本质,开辟出一片充满无限可能的新天地。

5.5.1 跨媒体融合:突破感官界限

AI 的出现极大地促进了不同艺术形式之间的融合。传统上,视觉艺术、音乐、舞蹈、文学等领域往往是相对独立的。而今,AI 作为一种强大的中介,能够在这些不同的艺术形式之间自如转换。例如,研究人员开发出能将音乐转化为抽象画的 AI 系统。这些系统分析音乐的节奏、和声和情感,然后生成相应的视觉元素。反过来,AI 也可以"读懂"一幅画作,解析其色彩、构图和风格,继而创作出与之呼应的音乐作品。

在文学与视觉艺术的交汇处,AI 同样展现出惊人的才能。诸如 DALL-E、Midjourney 等文本到图像生成模型,能将诗歌、散文中的意象直接转化为视觉艺术作品。这不仅为文学作品提供了新的诠释方式,也为视觉艺术家提供了源源不断的灵感来源。这种跨媒体转换不仅仅是简单的对应,而是一种深层次的艺术语言互译,为艺术家开启了全新的创作维度(图 5-12、图 5-13)。

图 5-12　沧海月明珠有泪 蓝田日暖玉生烟

图 5-13　庄生晓梦迷蝴蝶 望帝春心托杜鹃

5.5.2　多感官艺术体验的崛起

AI 驱动的跨媒体艺术正在创造出前所未有的多感官艺术体验。在这种新型艺术中，视觉、听觉、触觉甚至嗅觉可以和谐地融合在一起，为观众带来沉浸式的艺术享受。例如，一些艺术家正在探索利用 AI 创造"全感官艺术装置"。在这样的装置中，AI 可以实时分析观众的行为和情绪，随即调整视觉效果、音乐、香气甚至温度，创造出随观众互动而变化的艺术环境。这种作品不再是静态的展示，而是动态的、个性化的艺术体验（图 5-14）。

这种多感官艺术体验的概念为环境设计和数字媒体艺术领域开辟了新的可能性。设计师可以利用 AI 技术创造出能够响应环境和用户的智能空间，从而提供更加丰富和个

图 5-14　AI 全感官艺术装置创造的艺术环境

性化的空间体验。例如,设计一个能根据天气、时间和用户心情自动调整灯光、音乐和香氛的智能家居系统(图 5-15)。

图 5-15　AI 创造的智能家居系统

5.5.3　打破创作者与观众的界限

　　AI 还在重新定义艺术创作中创作者与观众的关系。在传统艺术中,观众往往是被动的接受者。而在 AI 驱动的跨媒体艺术中,观众可以成为作品的共同创作者。一些艺术家开发出允许观众参与创作的 AI 系统。例如,观众可以通过手势、声音或情绪输入影响 AI 生成的视觉和音乐作品。这种互动不仅让每一次艺术体验都变得独一无二,还模糊了艺术家、AI 和观众之间的界限,挑战了我们对艺术创作本质的理解。

这种创作者与观众界限的模糊为交互设计和用户体验设计提供了新的思路。设计师可以探索如何创造更加开放和包容的交互系统，让用户不仅是产品的使用者，也是产品的共同创造者。例如，设计一个允许用户通过情绪和行为影响界面设计的应用程序，或者创造一个能根据多个用户的集体创意生成艺术作品的公共装置（图 5-16、图 5-17）。

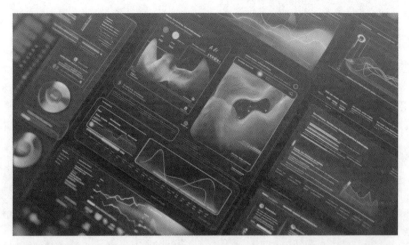

图 5-16　AI 创造的情绪行为影响界面设计的应用程序

图 5-17　多用户集体创意生成艺术作品的公共装置

5.5.4　跨越时空的艺术对话

AI 还为不同时代、不同文化背景的艺术形式之间的对话提供了可能。例如，有 AI 系统可以分析古典绘画的风格，并将其应用到现代摄影作品中，创造出跨越几个世纪的视觉对话。同样，AI 也可以将古典音乐的元素融入电子音乐，或者将传统舞蹈动作与现代舞结合，产生出独特的时空交错感。这种跨时空的艺术融合不仅带来了新的美学体验，还促进了文化间的交流和理解，为艺术创新提供了无限可能。

在文化创意产业中，这种跨越时空的艺术对话开辟了新的创作领域。设计师可以利用 AI 技术探索如何将传统文化元素与现代设计语言结合,创造出既有文化底蕴又符合当代审美的作品。例如,利用 AI 分析传统建筑的结构和装饰元素,将其融入现代建筑设计中;或者利用 AI 将古典文学作品转化为现代视觉小说或互动游戏(图 5-18)。

图 5-18　AI 创作的现代建筑设计

AI 驱动的跨媒体艺术为设计创作开辟了一片充满可能性的新天地。它不仅拓展了创作的边界,也在重新定义艺术和设计的本质。未来的设计师需要精通自己的专业领域,同时具备跨媒体思维和 AI 应用能力,才能在这个新的创作时代中脱颖而出,创造出更加震撼和有意义的作品。

本 章 小 结

本章深入探讨了 AI 在音视频创作领域的革命性进展,展现了人工智能如何重塑音视频艺术的创作范式。从音乐生成到视频制作,从沉浸式体验到跨媒体艺术,我们见证了一场内容创作的深刻变革。

在音乐创作方面,我们详细剖析了 AI 作曲技术的发展历程和应用现状。从 OpenAI 的 Jukebox 到网易云音乐的"AI 音乐人",这些工具不仅提高了音乐创作的效率,更为音乐表达开辟了新的可能性。特别值得关注的是,AI 在专业音乐创作中的深度应用,展现了科技与艺术融合的美好前景。

在视频制作领域,我们探讨了从智能剪辑到生成创作的全流程革新。阿里巴巴达摩院的寻光平台、快手的可灵 AI 等工具展示了 AI 如何重构视频创作流程,为创作者提供更强大的表现力。尤其是在短视频创作中,AI 技术正在让高质量内容制作变得更加便捷和普及。

在沉浸式体验设计方面,我们见证了 AI 如何赋能 VR/AR 应用,从场景构建到交互设计,AI 正在推动沉浸式体验走向新的高度。这些技术不仅提升了用户体验,也为创意表达提供了全新维度。

在跨媒体艺术创作中，我们探索了 AI 如何打破传统艺术的界限，实现多感官、跨时空的艺术表达。这种由 AI 驱动的跨媒体融合不仅拓展了艺术的边界，更重新定义了创作者与观众的关系，开创了艺术表达的新范式。

在下一章中，我们将探索 AIGC 在更广泛创意领域的跨界融合与实践应用，继续揭示 AI 如何推动创意产业的变革与创新。

练习与思考

（1）创作一个"AI 音视频创意短片"。综合运用 AI 配音、音乐生成、视频剪辑等工具，完成一个 2~3 分钟的创意短片。记录制作过程中各类 AI 工具的使用心得，分析其在提升创作效率和艺术表现力方面的作用。

（2）探讨"AI 对音视频内容生产的革新"。分析 AI 技术如何重塑传统的音视频创作流程，以及对内容质量和创作门槛的影响。思考未来音视频创作的发展趋势，以及创作者需要培养的新技能。

第 **6** 章

设计思维与 AI：创新方法论的融合

章节导语

在人工智能技术迅猛发展的今天，设计思维正经历着前所未有的变革。从传统的"以人为本"到 AI 赋能的智能创新，设计方法论正在发生深刻的转变。本章将带学生探索 AI 如何重塑设计思维的各个环节，从问题定义到创意发想，从原型设计到评估迭代，见证设计创新在智能时代的新图景。

本章首先回顾传统设计思维的核心理念，并思考 AI 时代带来的新挑战；随后，深入探讨 AI 如何助力问题洞察、激发创意灵感、优化设计评估，以及如何在人机协作中开创设计创新的新生态。特别值得关注的是，本章将思考如何在保持"以人为本"初心的同时，充分发挥 AI 的智能优势。

作为未来的设计师，理解并掌握 AI 驱动的设计思维将提高学生的核心竞争力。本章的学习不仅帮助学生了解相关技术应用，更重要的是启发学生思考如何在人机协作中创造更有价值的设计方案。让我们一起探索 AI 与设计思维碰撞的无限可能吧！

学习目标

知识目标：

(1) 深入理解 AI 时代设计思维的新特征与转变。

(2) 系统掌握 AI 在设计各环节的应用方法。

(3) 准确认识人机协作的优势与局限。

能力目标：

(1) 培养运用 AI 工具进行设计思维实践的能力。

(2) 提升在人机协作环境下的创新思维能力。

(3) 发展对设计问题的系统分析与解决能力。

素养目标：

(1) 树立正确的设计创新观，平衡技术与人文的关系。

(2) 培养跨界思维，勇于探索设计创新的新方向。

(3) 建立持续学习的意识，保持对新技术的敏感度。

6.1 传统设计方法与 AI 时代的挑战

设计思维作为一种以用户为中心的创新方法论，在产品开发和服务设计中扮演着至关重要的角色。它强调跨学科协作、快速迭代，以人的需求为导向，通过细致入微的观察、头脑风暴的创意发散、快速低成本的原型设计等方法，不断深化问题定义，迭代优化解决方案，最终实现创新突破。从某种意义上说，设计思维是洞察人心、融通多学科智慧的系统实践活动。

6.1.1　传统设计思维的核心流程

　　传统的设计思维主要遵循以下流程：同理心（empathy）、定义（define）、构思（ideate）、原型（prototype）、测试（test）。在同理心阶段，我们通过观察、访谈等方式全面了解用户需求；定义阶段则聚焦于找出问题症结；构思阶段通过头脑风暴等方法激发创意灵感，发散出多元化的解决方案；原型阶段快速制作低成本原型；在测试阶段与用户共同检验方案的可行性，并基于反馈意见进行迭代优化，最终形成成熟的设计输出。这一流程强调以人为本，重视创意发散，倡导快速验证，是设计思维的精髓所在（图 6-1）。

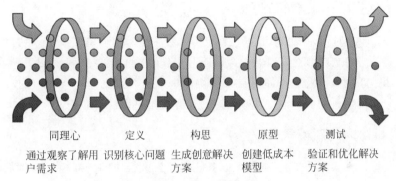

同理心	定义	构思	原型	测试
通过观察了解用户需求	识别核心问题	生成创意解决方案	创建低成本模型	验证和优化解决方案

图 6-1　设计思维流程

6.1.2　AI 时代设计思维的新挑战

　　然而，随着 AI 技术尤其是 AIGC 的快速发展，我们的设计思维在智能时代面临着新的挑战和变革机遇。首先，海量用户数据的涌现使得传统的定性研究方式难以全面洞察用户需求，数据驱动的用户画像分析成为刚需。其次，在"万物互联"的复杂系统中，设计问题的定义变得更加扑朔迷离，需要多学科协同的分析视角。最后，面对个性化定制的浪潮，设计灵感和创意方案的生成需要更加高效和多样化。此外，在设计评估和决策环节，A/B 测试等数据实验方法也变得越发科学和必要（表 6-1）。

表 6-1　传统设计思维方法和 AI 时代方法在设计思维阶段的对比

设计思维阶段	传统方法	AI 时代方法
同理心	实地观察和访谈	AI 分析用户数据
	焦点小组讨论	社交媒体情感分析
	用户日志记录	智能问卷调查
定义	手动整理研究结果	AI 辅助数据可视化
	团队讨论确定问题	机器学习识别模式
	创建静态用户画像	生成动态用户画像

续表

设计思维阶段	传 统 方 法	AI 时代方法
构思	头脑风暴和思维导图	AIGC 生成创意方案
	类比设计	AI 辅助创意组合
	SCAMPER 技术	AI 创意评估系统
原型	手绘草图和纸模型	AI 生成 UI/UX 设计
	基础数字原型	3D 打印智能建模
	交互式线框图	AR/VR 沉浸式原型
测试	小规模用户测试	大规模在线 A/B 测试
	观察和反馈收集	AI 实时数据分析
	人工分析结果	AI 驱动的体验评分

6.1.3 AI 时代设计思维的转变

可以说,在 AI 时代,设计思维正在经历从"感性经验"到"智能分析"、从"发散思考"到"增强创造"、从"主观判断"到"科学验证"的转变。这就要求我们以开放的心态,将 AIGC 视为得力助手,积极思考如何在人机协同中重塑设计流程、升级设计技能。只有这样,才能充分发挥设计思维"以人为本"的初心,激发出更多惊艳创意。

6.1.4 人机协同的新模式

在这种背景下,设计思维的未来将更多地体现为人机协同的新模式。例如,在用户洞察阶段,我们可以利用 AI 分析海量用户数据,帮助我们更全面、深入地理解用户需求。在创意生成阶段,AIGC 工具可以快速生成多样化的创意方案,为我们提供灵感和选择。在原型设计阶段,AI 工具可以帮助我们快速生成和迭代原型,大幅提高设计效率。在测试与评估阶段,AI 可以进行大规模用户测试和数据分析,为我们的设计决策提供客观依据。

在接下来的学习中,我们将深入探讨如何在 AI 时代运用设计思维,如何利用 AIGC 工具增强我们的设计能力,以及如何在人机协作中保持创新的本质。让我们一起迎接这个充满机遇和挑战的新时代,用设计思维和 AI 技术的结合,创造出更多令人惊叹的设计作品。

6.2 AI 辅助问题定义与洞察

问题定义与需求洞察是设计思维的关键起点,直接影响着整个设计过程的方向和成效。在这个信息爆炸的时代,AI 技术正在彻底改变设计师获取和处理用户需求信息的方式。从海量数据的收集到深度洞察的生成,AI 为设计思维注入了前所未有的动力。对于视觉传达设计等艺术设计领域来说,掌握这些 AI 辅助工具将极大地提升设计能力和竞争力。

6.2.1　AI 辅助数据收集与分析

传统的需求洞察方法主要依赖小规模用户访谈和实地观察，信息来源有限，往往只能获取片面的用户反馈。而 AI 辅助方法可以收集和分析海量的用户行为数据、评论反馈和社交媒体信息。这种全方位的数据采集为后续的深度分析提供了丰富的原料，使设计师能够从更广阔的视角理解用户需求。

例如，在进行品牌视觉形象设计时，可以使用 AI 工具分析目标用户在社交媒体上的视觉偏好，包括他们喜欢的色彩搭配、图形风格、排版方式等。这些数据能帮助设计师更精准地把握目标受众的审美倾向和视觉需求（图 6-2～图 6-4）。

图 6-2　电子消费品色彩搭配

图 6-3　品牌服装店铺牌形象设计

图 6-4　手机屏幕壁纸设计

6.2.2　AI 驱动的用户洞察

在数据分析阶段，AI 的优势更加凸显。自然语言处理技术能够自动提取用户反馈中的关键信息，进行情感倾向分析，大大提高了信息处理的效率和准确性。同时，AI 还能构建用户的全时空行为轨迹,深入洞察需求的演变过程。这种动态的分析方法为设计师提供了更全面、更深入的用户洞察。

对于视觉传达设计领域来说,这意味着可以更准确地把握用户的视觉偏好变化趋势,从而创造出更符合目标受众审美的设计作品。

6.2.3　AI 生成的用户画像

用户画像的构建是需求洞察的核心环节。AI 技术使得能够创建实时更新的多维度精准用户画像,远超传统的静态、概括性描述。更令人兴奋的是,AI 还能生成虚拟用户分身,供设计师进行沉浸式交互研究。这种创新方法极大地丰富了洞察维度,使得对用户需求的理解更加立体和深入(图 6-5)。

图 6-5　AI 生成多维度精准用户画像

这对设计师来说,意味着可以更精准地为不同用户群体定制视觉设计方案,提高设计的针对性和有效性。

6.2.4　AI 辅助需求预测

在需求预测方面,AI 的表现同样出色。除了分析当前明确的需求,AI 还能通过深度学习算法挖掘潜在和隐性需求。这种前瞻性的洞察能力为设计师提供了宝贵的创新方向,使得设计能够更好地满足用户的未来需求。

对于艺术设计领域来说,这意味着可以更好地预测未来的视觉趋势,在设计中融入前瞻性元素,保持作品的时代感和创新性。

6.2.5　AI 辅助决策支持

AI 不仅提高了需求洞察的效率和深度,还为决策支持提供了强大工具。它能够辅助识别新兴视觉趋势,激发创新思路,并提供数据驱动的量化分析。这种结合定量分析和设计师直觉的方法，大大提高了设计决策的科学性和创新性。

然而，我们也要清醒地认识到 AI 的局限性。机器分析可能存在偏差，无法完全替代设计师的审美判断和创意灵感。关键是要将 AI 视为强大的辅助工具，用艺术感觉和创造力驾驭机器分析，在数据洞察的基础上创造出富有情感和美感的设计作品。需要学会正确解读 AI 生成的洞察，避免过度依赖数据而忽视艺术设计的人文价值和情感表达（表 6-2）。

表 6-2　需求洞察过程中的传统方法与 AI 辅助方法对比

阶　段	环　节	传 统 方 法	AI 辅助方法
数据收集	数据来源	小规模用户访谈和实地观察	海量用户行为日志、评论反馈和社交媒体数据
	数据范围	局部、静态的用户信息	全渠道、动态的用户数据
数据分析	用户反馈处理	人工阅读和手动总结用户评价	自然语言处理自动提取关键词、情感倾向分析
	行为模式分析	基于有限样本的行为观察	全时空用户行为轨迹追踪和模式识别
	跨文化研究	耗时、高成本的跨国实地调研	快速、大规模的多语言数据挖掘和文化模式识别
用户洞察	用户画像构建	静态、概括性的用户角色描述	实时更新的多维度精准用户画像
	需求探索方法	面对面用户访谈和焦点小组讨论	AI 生成虚拟用户分身，进行沉浸式交互研究
	极端场景模拟	有限的情境模拟和角色扮演	AI 驱动的大规模极端场景生成和测试
需求预测	当前需求分析	基于明确表达的用户需求	深度学习算法挖掘潜在和隐性需求
	未来需求预测	基于市场趋势和专家判断	机器学习算法驱动的预测性需求分析
洞察总结	洞察生成	人工分析和总结，耗时较长	AI 快速处理数据，自动生成初步洞察报告
	洞察深度	受限于研究者经验和样本代表性	深度学习算法发掘潜在模式和细微洞察
决策支持	创新思路激发	依赖设计师个人创造力和头脑风暴	AI 辅助识别新兴需求模式，激发创新思路
	决策依据	基于经验和直觉的定性判断	数据驱动的量化分析结合设计师洞察
持续优化	需求动态追踪	周期性的用户调研更新	实时的用户需求变化监测和分析
	方法迭代	缓慢的方法论更新	持续学习和自我优化的 AI 算法

6.3　AI 驱动的创意发想与原型设计

创意发想和原型设计是设计思维的核心环节，向来是设计师展现才华的舞台。传统方法如头脑风暴、快速原型制作等，常能激发出令人惊叹的设计灵感。而今天，AIGC 技术正为这一过程注入新的活力,从概念构思到效果呈现,AI 的"智能画笔"正在为设计师的想象力插上翱翔的翅膀。

6.3.1 AIGC 作为灵感助手

AIGC 作为"灵感助手",极大地拓展了创意的边界。面对设计需求,设计师往往需要在海量素材中寻找灵感火花。AIGC 犹如设计师的"私人助理",能够基于庞大的数据库,自动推荐和生成相关创意元素。

例如,字节跳动旗下的即梦 AI 推出的创作平台,可根据文字描述自动生成多样化的创意图像,为设计师打开了新的思路之窗。在视觉传达设计中,设计师可以输入关键词如"中国传统元素与现代科技的融合",AI 就能生成一系列结合传统文化与现代感的视觉元素,为海报或品牌设计提供灵感(图 6-6)。

图 6-6　即梦 AI 生成海报设计

这种智能化的灵感激发方式,不仅能够帮助设计师突破思维定式,还能大大提高创意构思的效率。设计师可以快速浏览 AI 生成的多个创意方案,从中获取灵感,或者将其作为创作的起点进行深度加工。

6.3.2 批量化和个性化设计资源生成

AIGC 实现了设计资源的批量化和个性化定制生成。借助国内外各种 AI 生成模型,设计师只需输入简单的文本描述,就能快速获得与设计意图匹配的多样化效果图。

在产品设计领域,设计师可以通过文字描述产品特征,如"融合中国传统元素的智能音箱",AI 就能生成多个符合描述的产品渲染图。这些图像可以作为初步的设计概念,帮助设计师快速探索不同的形态和风格(图 6-7、图 6-8)。

在建筑设计中,AIGC 可以根据设计师提供的基本参数,如建筑面积、风格、环境等,生成多个建筑外观和室内布局方案。这些方案可以作为设计师深入创作的基础,大大缩短了从概念到初步成稿设计的时间(图 6-9～图 6-12)。

图 6-7　Midjourney 生成的瓷器风格智能音箱

图 6-8　Midjourney 生成的现代风格智能音箱

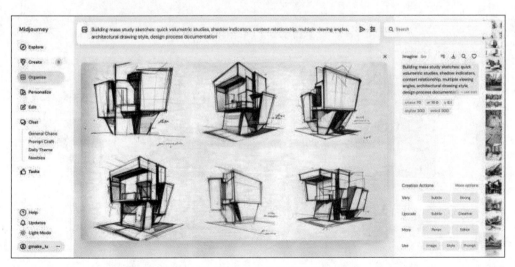

图 6-9　Midjourney 生成建筑外观方案

图 6-10　Midjourney 生成室内布局方案

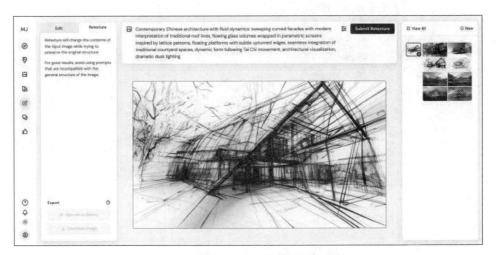

图 6-11　Midjourney 生成建筑概念设计

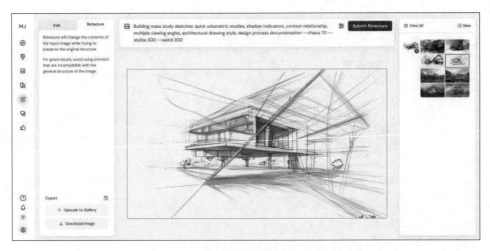

图 6-12　Midjourney 生成建筑初步设计

　　同时，一些 AI 设计系统能够根据简单的设计需求自动生成海报、Banner 等视觉设计，大大加快了设计原型的迭代速度。这对于电商视觉设计尤其有用，设计师可以快速测试不同的设计风格和布局，从而更高效地找到最佳设计方案。

6.3.3　参数化设计与三维建模

　　AIGC 与三维软件的深度整合，为建筑和工业制造等领域的参数化设计提供了强大支持。设计师只需定义基本的设计规则和边界条件，AIGC 算法就能在参数空间内自动搜索和生成满足要求的三维模型。

　　例如，建筑设计软件 Architectures 集成了 AI 辅助设计功能，设计师可以输入设计标准参数（如房间最小最大面积、空间尺寸、高度要求等）和项目规范要求，系统能自动生成符合这些条件的多个设计方案。设计师可以通过 2D 和 3D 形式对方案进行建模和优化，AI 会实时提供最适合用户需求的建筑解决方案。最终的设计成果将自动生成 BIM 模型，包含完整的几何形状和数据结构，方便设计师进行查询和调整。在工业设计领域，一些国产 CAD 软件的 AI 辅助设计功能可以根据设计师的草图和参数要求，自动生成多个三维模型方案。这种方法不仅大大提高了设计效率，还能帮助设计师探索更多可能性（图 6-13、图 6-14）。

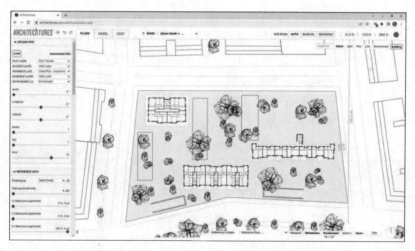

图 6-13　Architectures 引入设计标准

6.3.4　虚拟仿真与交互式原型

　　AIGC 与虚拟仿真平台的结合，为设计师提供了身临其境体验原型效果的可能，甚至可以邀请用户参与互动，收集更多的反馈意见。

　　在室内设计中，一些国内设计平台结合 AI 技术，可以根据平面图和设计风格快速生成三维虚拟空间。设计师和客户可以通过 VR 设备在这个虚拟空间中漫步，直观感受空间效果，甚至可以实时调整家具摆放、墙面颜色等细节。

　　在产品设计领域，一些 AI 辅助设计平台可以生成产品的交互式 3D 模型。用户可以在虚拟环境中操作和体验产品，给出实时反馈。这种方法大大提高了原型测试的效率和

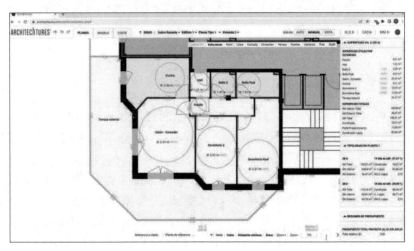

图 6-14 Architectures 结合 AI 进行项目建模

准确性,有助于设计师更快地优化设计方案。

6.3.5 AIGC 的局限性与应用策略

尽管 AIGC 为创意设计带来了巨大便利,但我们也要清醒地认识到它的局限性。生成内容的同质化倾向、与现实环境的契合度不足等问题,都需要设计师保持警惕。

因此,将 AIGC 视为创意的"催化剂"而非全能解决方案至关重要。设计师应该在人机分工中扬长避短,以匠人之心驾驭智能之美。AIGC 生成的内容应该作为创意的起点或参考,而不是最终成果。设计师需要基于自己的专业知识和审美判断,对 AI 生成的内容进行二次创作和优化(表 6-3)。

表 6-3 AI 在创意发想和原型设计各个阶段的应用

阶 段	AI 工具/技术	功 能	优 势
灵感激发	AI 创意助手	基于文字描述生成创意图像	拓展设计思路,提供多样化灵感
概念设计	AI 生成模型	将文本描述转化为效果图	快速生成多样化设计方案提高效率
界面设计	AI 设计工具	手绘草图转为界面布局和交互原型	加速原型迭代,降低设计成本
3D 建模	参数化设计工具	在给定参数范围内生成 3D 模型	简化复杂建模过程,释放创造力
原型测试	虚拟仿真平台	提供沉浸式原型体验	增强用户反馈,提高迭代效率
资源生成	AIGC 通用工具	批量生成个性化设计资源	减少重复劳动,提高设计效率
创意优化	AI 分析工具	评估设计方案,提供优化建议	提高设计决策的科学性

在品牌标志设计中,设计师可以使用 AI 系统快速生成多个 logo 方案。但这些自动生成的 logo 可能缺乏深层的品牌内涵和独特性。设计师需要基于这些初步方案,结合对品牌价值和目标受众的深入理解,进行创意重构和细节优化,最终创造出既有视觉吸引力又富有品牌特色的 logo。

6.4 AI 在设计评估与迭代中的应用

在当今快速发展的数字时代,设计评估与迭代已成为产品开发过程中不可或缺的关键环节。传统的设计评估方法主要依赖于小规模用户测试和主观判断,这种方式在面对复杂多变的市场需求时往往显得力不从心。随着大数据时代的到来和人工智能技术的飞速发展,设计评估与迭代的方法论正在经历一场深刻的变革。AIGC 技术的出现为设计师提供了前所未有的强大工具,使得设计评估的广度和精度得到了显著提升。

6.4.1 AIGC 在定量评估中的应用

AIGC 技术在设计方案的定量评估中发挥着重要作用。通过结合 A/B 测试等实验工具,设计师可以同时上线多个设计版本,并借助 AIGC 技术实时跟踪和分析用户在不同版本间的转化行为。这种方法不仅能够定量评估各版本的效果差异,还能帮助设计师快速选择最佳设计方案。这种数据驱动的设计决策方式极大地提高了产品迭代的速度和质量,使得设计团队能够更加敏捷地响应用户需求和市场变化。

6.4.2 智能语义分析与用户反馈处理

在面对海量用户反馈时,AIGC 技术的智能语义分析能力显得尤为重要。传统方法中,设计师需要耗费大量时间逐一解读和判断用户反馈的情感倾向,这不仅效率低下,还容易受到个人主观因素的影响。而 AIGC 技术可以自动"读懂"反馈语义,快速提取关键词,准确判别情感正负面,并生成分类详细的反馈报告。这极大地帮助设计师快速聚焦问题痛点,找出优化方向。

6.4.3 模拟用户交互与体验优化

AIGC 技术在模拟用户交互行为方面也展现出了强大的能力。通过利用强化学习等先进算法,AIGC 可以在界面原型中模拟大量虚拟用户的各种交互行为,如点击、滑动、输入等。这种模拟不仅可以优化交互路径,还能找出流程中的潜在问题,为设计师提供深入的诊断分析。

这种大规模、沉浸式的虚拟用户测试方法,能够覆盖多元化的使用场景,有效发现那些在传统测试中容易被忽视的隐蔽交互槽点。更进一步,结合眼动追踪等生理反馈数据,AIGC 还可以精确还原用户的注意力分配情况,为视觉设计的效果评估提供更加客观和细致的依据。这种结合人工智能和生理数据的评估方法,正在为设计评估领域开辟新的前沿。

6.4.4 个性化体验优化与跨平台一致性评估

在个性化用户体验优化方面,AIGC 技术同样发挥着重要作用。它不仅能评估整体设计,还能针对个别用户提供定制化的体验优化建议。通过深入分析用户的使用习惯、个人偏好和历史行为数据,AIGC 可以为每个用户推荐最适合的界面布局、功能展示顺序和交互方式。

在当今多平台开发已成常态的背景下，保持不同设备间的用户体验一致性成为了一大挑战。AIGC 技术在这方面也提供了有力支持。它可以自动比对不同平台（如 iOS、Android、Web）上的设计实现，精确检测出视觉和交互上的不一致之处，帮助设计师有效维护品牌形象的统一性。

6.4.5　设计趋势预测与报告生成

AIGC 技术还在设计趋势预测方面展现出了独特优势。通过分析大量的设计案例、用户反馈数据以及市场趋势信息，AIGC 可以预测未来的设计趋势。这种前瞻性的洞察对于设计师来说极为宝贵，可以帮助他们在产品迭代中做出更加明智和富有前瞻性的设计决策，从而保持产品的市场竞争力（表 6-4）。

表 6-4　AI 在设计评估与迭代过程中的主要应用领域

评估方面	AI 技术/工具	功　能	优　势
定量评估	A/B 测试 ＋ AIGC 分析	实时跟踪用户转化行为，评估不同设计版本	数据驱动决策，快速优选最佳设计
用户反馈分析	智能语义分析	自动解读反馈文本，提取关键词，判别情感倾向	快速聚焦痛点，高效找出优化方向
用户认知分析	基于知识图谱的 AI 平台	梳理不同细分人群的评价观点	揭示深层次认知差异，提供全面洞察
交互行为模拟	强化学习算法	模拟大量虚拟用户的交互行为	覆盖多元化场景，提前发现交互槽点
视觉设计评估	眼动追踪＋AI 分析	还原用户注意力分配	精确评估视觉设计效果
自动化测试	AI 驱动的虚拟用户测试	大规模模拟用户交互，优化交互路径	提高测试覆盖面，降低人工成本
设计迭代指导	AIGC 综合分析	整合多维数据，生成设计改进建议	提升迭代效率，实现精细化优化

在设计评估报告生成方面，AIGC 技术也带来了革命性的变化。它可以自动整合各种评估数据和分析结果，生成全面翔实的设计评估报告。这种自动化的报告生成不仅大大节省了设计师的时间和精力，还能确保报告的客观性、全面性和一致性。

6.5　AI 驱动的设计创新生态

随着人工智能技术的迅猛发展，特别是 AIGC 的出现，设计领域正迎来一场深刻的变革。本章前面的小节已经详细探讨了 AI 如何融入设计思维的各个阶段，以及它对创新方法论、教育实践和伦理考量的影响。在本节中，我们将展望 AI 与设计思维融合的未来，探讨这种融合可能带来的新机遇和挑战。

6.5.1　人机协作的新模式

未来的 AI 系统可能具备更强的上下文理解能力和创造性思维，能够主动提出设计建议,甚至挑战设计师的假设。这种人机协作的新模式将大大提高设计效率,同时可能激发出人类设计师难以独立想到的创新概念。

通过分析海量用户数据和行为模式,AI 系统可以为每个用户生成高度个性化的设计方案。这不仅适用于产品设计,还将扩展到服务设计、体验设计等领域。我们可能会看到"实时响应式设计"的兴起,即产品或服务能够根据用户的实时反馈和环境变化自动调整其设计参数。这种趋势将模糊设计、生产和使用之间的界限,创造出更加灵活和动态的设计生态系统。

6.5.2　跨学科融合与创新

AI 还将促进设计与其他学科的深度融合,催生新的跨学科创新模式。例如,我们可能会看到设计思维与复杂系统理论、认知科学、生物学等领域的结合,产生全新的问题解决方法。

这种跨学科融合将为设计师提供更广阔的视野和更丰富的工具,使他们能够应对更加复杂和多元的设计挑战。例如,在生物仿生设计中,AI 可能会帮助设计师更深入地理解自然系统,并将这些洞察转化为创新的设计解决方案。

6.5.3　可持续和再生设计的新机遇

AI 技术将为推动可持续和再生设计提供强大工具。通过模拟产品全生命周期的环境影响,优化资源使用,并提出创新的循环经济解决方案,AI 可以帮助设计师创造出更加环保和可持续的产品和服务。

我们可能会看到"再生设计助手"的出现,这种 AI 系统能够自动建议如何使设计更加可持续,甚至能够设计出能够修复环境的产品和系统。这将为设计师提供强大的工具,帮助他们在创新和可持续性之间找到平衡点。

6.5.4　设计师角色的演变

在这个 AI 驱动的设计新生态中,设计师的角色将更加重要和多元。他们将成为技术应用的引导者,熟练运用 AI 工具,并能够引导 AI 系统向更有创意和人性化的设计方向。同时,设计师也将成为伦理的守护者,确保 AI 驱动的设计创新符合社会价值观和伦理标准。

此外,设计师还将成为跨学科合作的推动者,促进设计与其他学科的融合,推动跨领域的创新。最重要的是,设计师将始终是人性化创新的倡导者,在技术驱动的设计过程中,始终保持对人性需求和情感体验的关注。

本章小结

本章深入探讨了 AI 如何重塑设计思维的方法论,展现了人工智能在设计创新中的革命性作用。从传统设计思维到智能化创新,我们见证了一场设计方法的深刻变革。

在设计思维基础方面,我们剖析了传统方法在 AI 时代面临的挑战和机遇。从"同理心—定义—构思—原型—测试"的经典流程,到数据驱动、人机协同的新范式,设计思维正在经历从"感性经验"到"智能分析"的转变。这种转变不是对传统方法的否定,而是在保持"以人为本"初心的基础上的创新升级。

在问题洞察层面,我们探讨了 AI 如何通过海量数据分析和智能算法,帮助设计师更全面、深入地理解用户需求。从自动化数据收集到智能化用户画像,从需求预测到决策支持,AI 正在为设计师提供前所未有的洞察工具。然而,我们也要认识到,真正的用户洞察仍需要设计师的人文关怀和情感理解。

在创意发想与原型设计方面,我们见证了 AIGC 如何作为创意助手,为设计师打开新的想象空间。从批量化设计资源生成到参数化三维建模,从虚拟仿真到交互式原型,AI 不仅提高了设计效率,更为创新表达提供了无限可能。但我们也要警惕过度依赖 AI 的风险,保持设计师独特的创造力。

在设计评估与迭代环节,我们探索了 AI 如何通过定量分析、智能语义处理、用户行为模拟等方式,为设计决策提供科学依据。这种数据驱动的评估方法,让设计优化变得更加精准和高效。同时,AI 还能预测设计趋势,帮助设计师做出更具前瞻性的决策。

在下一章中,我们将探讨 AIGC 在跨媒体融合与创新领域的应用,见证人工智能如何推动创意产业的全面变革。从内容生成到游戏设计,从智能营销到教育创新,AIGC 正在开创想象力经济的新纪元。让我们带着对 AI 设计思维的深入理解,继续探索人工智能驱动的创意产业新图景吧!

练习与思考

(1)完成一个"AI 辅助设计思维"实践项目。选择一个具体的设计问题,运用 AI 工具辅助完成从问题定义到方案生成的全过程。详细记录设计思维的每个阶段如何与 AI 工具协同,并总结经验教训。

(2)研究"AI 如何重塑设计思维模式"。探讨 AI 工具对传统设计思维方法的影响,分析人机协作模式下设计思维的新特征。思考设计师如何调整思维方式以更好地利用 AI 工具。

第 **7** 章

创意共舞：AIGC 的跨界融合与实践

章节导语

在人工智能技术的推动下，跨媒体创作正迎来前所未有的革新机遇。从内容生成到游戏设计，从智能营销到教育创新，AIGC 正在开创创意产业的新纪元。本章将带学生探索 AIGC 在跨领域融合创新中的实践应用，了解如何运用这些智能工具突破创作边界，开启想象力经济的新篇章。

本章首先探讨 AIGC 在跨媒体内容生成中的具体应用，通过实际案例展示如何实现多媒体形式的智能转换与融合；随后，介绍 AI 如何重塑游戏设计、智能营销和教育创新，以及这些变革对创意产业带来的深远影响。特别值得关注的是，本章将思考 AIGC 如何为创意产业注入新活力，开创想象力经济的新机遇。

作为未来的设计师，掌握 AIGC 跨领域应用将提高学生的核心竞争力。本章的学习不仅帮助学生了解相关技术实践，更重要的是启发学生思考如何在融合创新中开拓新的创作可能。让我们一起探索 AI 驱动的创意产业新图景吧！

学习目标

知识目标：

(1) 系统掌握 AIGC 在跨媒体内容生成中的应用方法。

(2) 深入理解 AI 在游戏设计、营销和教育领域的创新实践。

(3) 准确把握 AIGC 对创意产业发展的影响与机遇。

能力目标：

(1) 培养运用 AIGC 进行跨媒体创作的实践能力。

(2) 提升在多领域融合创新中的综合应用能力。

(3) 发展创意产业创新的战略思维能力。

素养目标：

(1) 树立创新意识，勇于探索跨界融合的可能性。

(2) 培养系统思维，善于整合多领域资源与技术。

(3) 建立终身学习意识，保持对新技术应用的敏感度。

7.1 跨媒体内容生成：AIGC 开辟智能化创作新疆域

AIGC 技术正在重塑跨媒体内容创作的方式，为设计师提供了强大的工具和全新的创作可能性。本节将从实践角度探讨 AIGC 在跨媒体

AIGC 重述白蛇传——跨媒介叙事实践研究

内容生成中的具体应用,提供实用的技术认知和创作指导。

7.1.1　AIGC跨媒体融合的实践应用

在实际项目中,设计师可以利用 AIGC 工具实现多种媒体形式的快速转换和融合。以一个品牌形象设计项目为例,设计师可以首先使用文本生成工具如字节的豆包、阿里巴巴的通义、腾讯的元宝或 Kimi 探索版生成初步的品牌理念和关键词。例如,向通义输入"为一家专注于可持续发展的科技公司设计品牌形象,请提供核心理念和关键词",AI 可能会生成核心理念如"融合科技创新与环境责任,推动可持续发展的未来",以及关键词如"绿色科技""循环创新""生态智能""未来责任"和"可持续解决方案"。

接下来,设计师可以将这些关键词输入 Midjourney 或悠船等 AI 绘图工具中,生成视觉概念。在 Midjourney 中,可以使用提示词如"/imagine a modern logo for a sustainable tech company, incorporating elements of green technology and circular innovation. Minimalist design, vector style, earthy color palette with vibrant accents."AI 会生成多个 logo 设计方案,设计师可以从中选择最符合品牌调性的作为基础,进行进一步的修改和完善。例如,选择一个融合了叶子形状和电路板元素的 logo(图 7-1),用 Adobe Illustrator 进行矢量化和细节调整,确保其在不同尺寸和应用场景下都能保持清晰度。

图 7-1　Midjourney 生成科技公司设计品牌形象

在视频制作环节,设计师可以尝试使用快手的可灵 AI 工具创建视觉效果。例如,在可灵 AI 中输入脚本描述未来感十足的科技实验室场景,包括研究人员操作全息投影设备展示各种绿色能源技术的3D模型。AI 工具会根据这个描述生成一段视频片段。设计师可以通过调整关键词和参数,如添加"流畅转场""粒子效果"等优化视频效果(图 7-2)。

7.1.2　AIGC辅助内容创作的实践技巧

在使用文本生成工具时,提供详细的上下文和具体的指令至关重要。例如,向豆包提出请求:"撰写一段 200 字左右的品牌介绍,强调公司在可持续科技领域的创新,突出产品对减少环境污染的贡献,语气要专业、富有远见,并带有一定的紧迫感。"这样的详细指令可以帮助 AI 生成更符合需求的文本内容(图 7-3)。

在使用 AI 图像生成工具如 Midjourney 或"悠船"时,精确的描述和风格指导能显著提升输出质量。例如,为生成产品展示图,可以使用详细的提示词描述一款由可降解塑料制成的生态友好型智能手机,包括其外观设计、材质特征、拍摄环境等细节。这样详细的

图 7-2　可灵 AI 工具根据脚本生成场景视频

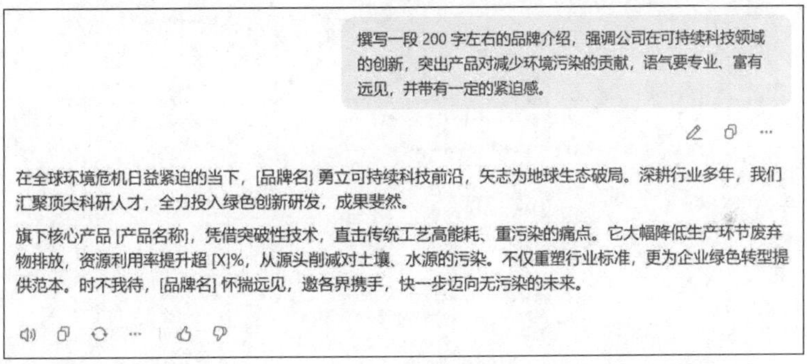

图 7-3　豆包撰写品牌介绍

描述能帮助 AI 生成更符合预期的高质量图像。

对于视频内容，使用可灵 AI 工具时，可以将脚本分解为多个场景，逐一生成后再进行组合。例如，可以分别描述可降解塑料材料的分解过程、全球塑料污染的航拍画面、科研人员在实验室进行材料测试的场景，以及公司产品在日常生活中的应用展示。通过这种方式，设计师可以获得一系列与主题相关的视频片段，然后使用传统视频编辑软件进行剪辑、调色和配音，创作出完整的品牌宣传片（图 7-4）。

7.1.3　AIGC 在跨媒体项目中的实践案例

以一个完整的可降解塑料品牌推广项目为例，设计师可以利用 AIGC 工具构建全方位的跨媒体内容。首先，使用阿里巴巴的通义生成初始的品牌故事内容，然后进行人工润色，最终形成一个强调科技创新和环境保护的品牌叙事。接着，使用 Midjourney 生成 logo 和配色方案的初始概念，在 Adobe 系列软件中进行精修，创造出融合树叶和分子结构元素的 logo，象征自然与科技的和谐（图 7-5～图 7-8）。

图 7-4　Adobe Premiere 剪辑视频

图 7-5　通义千问生成品牌故事

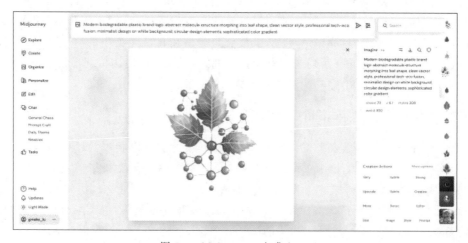

图 7-6　Midjourney 生成 logo

图 7-7　Adobe Phtoshop 修改 logo

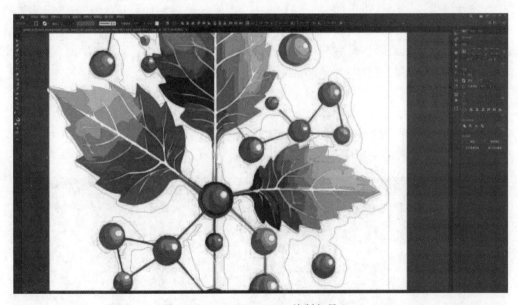

图 7-8　Adobe Illustrator 绘制矢量 logo

　　产品展示方面，可以使用"悠船"生成一系列由可降解塑料制成的日用品和包装材料的概念图，这些图像可用于网站、社交媒体和印刷品。为了制作宣传视频，设计师可以使用可灵 AI 工具创作一系列短视频片段，展示产品的生产过程、使用场景和降解过程，然后使用 Adobe Premiere 进行剪辑，添加配音和字幕，制作成完整的品牌宣传片。

　　在社交媒体运营方面，可以使用 Kimi 探索版生成一系列与环保主题相关的短文和话题标签，用于日常的内容更新。在整个创作过程中，设计师需要不断进行人工审核和调整，确保 AI 生成的内容符合品牌定位和美学要求，同时注意版权问题，确保使用 AIGC

工具时遵守相关规定和许可协议。

通过这种全面利用 AIGC 工具的方法,设计师可以在较短时间内创作出高质量、跨媒体的品牌推广内容,大大提高工作效率,同时保持创意的新鲜度和多样性。这种 AI 辅助创作的方式不仅提高了生产效率,也为设计师提供了更多时间和空间关注创意概念和战略层面的工作,从而在竞争激烈的市场中脱颖而出。

7.2 开启沉浸交互新纪元: AI 重塑游戏设计

AIGC 技术正在深度介入游戏设计的各个方面,重塑内容研发流程,开创交互娱乐新纪元。从游戏机制设计到智能化剧情生成,从画面渲染到难度平衡调节,AIGC 在游戏开发各环节的价值日益凸显。本节将从实践角度探讨 AIGC 在游戏设计中的具体应用,为游戏设计专业人士提供实用的技术认知和创作指导。

7.2.1 AIGC 在游戏设计中的技术应用路径

在游戏内容资源的批量化、个性化生成方面,AIGC 展现出强大的能力。以地图生成为例,设计师可以使用英伟达的 GauGAN2 技术,通过简单的涂鸦或文字描述快速生成复杂的游戏场景。例如,输入"一个被废弃的未来城市,高楼林立但破败不堪,街道上长满杂草,天空呈现灰蒙蒙的色调",AI 就能生成符合描述的场景草图。设计师可以基于这个草图进行细节调整和美化,大大缩短了场景设计的时间。

在游戏 AI 的智能化设计方面,Unity 的 ML-Agents 工具包提供了强大的支持。设计师可以使用 ML-Agents 训练 NPC 的行为模式。例如,在一个战略游戏中,可以设置不同的奖励机制训练 AI 军队的策略。通过反复训练和调整,可以创造出既有挑战性又不会让玩家感到挫败的 AI 对手(图 7-9)。

图 7-9 Unity ML-Agents 工具包

在游戏引擎中,英伟达的 DLSS(deep learning super sampling)技术可以大幅提升游戏的画面质量。设计师只需在游戏引擎中启用 DLSS 功能,并设置适当的参数,就可以在保持高帧率的同时显著提升画面分辨率和细节表现。

对于游戏数值的动态调优，可以使用阿里云的 PAI（platform for artificial intelligence）平台。设计师可以将玩家的行为数据导入 PAI，使用其提供的机器学习算法分析玩家的技能水平和偏好，然后动态调整游戏难度、道具掉落率等参数，以提供个性化的游戏体验（表 7-1）。

表 7-1　人工智能平台 PAI 功能

AI 开发阶段	对应功能模块	功　能　描　述
数据准备	PAI-iTAG	在数据准备阶段，PAI-iTAG 提供智能化数据标注服务，支持图像、文本、视频、音频等不同类型数据标注，支持多模态数据标注；提供丰富的标注内容组件和题目组件，可以直接使用平台预置标注模板，或自定义标注模板。同时提供全托管的数据标注外包服务
模型开发	PAI-Designer	可视化建模 PAI-Designer 提供低代码开发环境，内置 140＋成熟的算法组件，通过拖拽完成建模，帮助用户实现低代码开发人工智能相关服务
模型开发	PAI-DSW	交互式建模 PAI-DSW 提供交互式编程环境，内置 Notebook、VSCode 及 Terminal 的云端 IDE，提供底层 Sudo 权限，开放灵活
模型训练	PAI-DLC	按照使用场景和算力类别，可分为通用计算资源和灵骏智算资源 • 通用计算资源 DLC：基于阿里云通用计算（e. g. ECS、EGS、ECI）的训练平台，支持 TensorFlow、PyTorch、MPI 等多种训练框架，具备灵活、稳定、易用等特点 • 灵骏智算资源 DLC：基于软硬件一体优化技术，支持超大规模分布式深度学习任务运行，具备高性能、高效率、高利用率等核心优势。支持公共云 Serveriess 版、单租版等形态，提供 AI 工程化全流程平台及软硬一体的异构融合算力
模型部署	PAI-EAS	模型在线服务 PAI-EAS 可将模型一键部署为在线推理服务或 AI-Web 应用，适用于实时推理、异步推理、离线推理等多种场景
模型部署	PAI-Blade	推理加速器 PAI-Blade 的所有优化技术均面向通用性设计，可以应用于不同的业务场景，通过模型系统联合优化，使模型达到最优推理性能

7.2.2　AIGC 在不同类型游戏中的应用

在开放世界游戏中，AIGC 可以实现动态任务生成。例如，使用 GPT-4 等大语言模型，可以根据玩家的游戏进度和选择生成个性化的支线任务。设计师需要预先设计一些任务模板和关键词，然后让 AI 根据这些模板和当前游戏状态生成具体的任务内容和对话。

对于二次元游戏，可以使用 Stable Diffusion 等 AI 绘图工具辅助角色设计。设计师可以输入详细的角色描述，如"一个 18 岁的女高中生，有着银色长发和湛蓝的眼睛，穿着红色的制服，性格活泼开朗"，AI 就能生成符合描述的角色草图。设计师可以基于这个草图进行进一步的修改和细化,大大加速了角色设计的过程。

在电竞游戏中,可以使用 DeepMind 的 AlphaZero 算法优化游戏平衡。设计师可以设置游戏的规则和评分标准,让 AI 通过大量的自我对弈找出最优的策略和平衡点。这种方法可以快速发现潜在的平衡问题,为游戏平衡调整提供数据支持。

对于休闲游戏,可以使用程序化生成(PCG)技术快速设计和迭代关卡。例如,在一个跑酷游戏中,设计师可以定义一系列障碍物和道具的规则,然后使用 PCG 算法自动生成大量的关卡。设计师可以从中筛选出最有趣的关卡,进行进一步的优化和调整。

7.2.3　AIGC 为游戏设计带来的变革

AIGC 正在改变游戏设计的工作流程和思维方式。设计师需要学会如何有效地利用这些 AI 工具,并在人工创意和 AI 辅助之间找到平衡。例如,在使用 AI 生成游戏资源时,设计师需要学会编写有效的提示词,并对 AI 生成的结果进行筛选和优化。在使用 AI 进行游戏平衡时,设计师需要学会解读 AI 的分析结果,并根据这些结果做出合理的设计决策。

同时,AIGC 也为游戏设计开辟了新的创意空间。例如,可以设计一个游戏,让玩家通过输入文字描述创造自己的游戏世界或角色。设计师需要构建一个能够有效解释玩家输入并生成相应游戏内容的 AI 系统,这涉及自然语言处理、图像生成等多个 AI 技术领域的综合应用。

AIGC 正在成为游戏设计中不可或缺的工具和思维方式。掌握这些技术并善用它们,将成为未来游戏设计师的核心竞争力。设计师需要不断学习和实践,探索 AIGC 在游戏设计中的创新应用,以创造出更加丰富、动态和个性化的游戏体验。

7.3　智能营销新图景：AIGC 点亮消费者洞察

AIGC 正在为广告创意和营销实践开辟新的可能性空间。从智能广告创意、A/B 测试到程序化广告投放,从智能营销内容制作到个性化推荐,AIGC 让营销创意链条实现端到端的智能化,助力品牌洞察消费者、匹配需求、触达人心。本节将从实践角度探讨 AIGC 在智能营销中的具体应用,为营销专业人士提供实用的技术认知和创新思路。

7.3.1　AIGC 在营销领域的技术应用

在智能广告创意生成领域,设计师可以借助 AI 设计工具快速产出品牌创意。以一个运动品牌的数字营销案例为例,营销团队需要为新款运动装备开展社交媒体推广,他们首先需要向 AI 工具输入产品核心卖点如"轻量科技""运动潮流""专业性能",并明确定义目标人群为都市年轻运动爱好者,同时上传产品实拍素材和设定品牌调性要求。

基于这些输入信息,AI 系统会自动生成多组社交媒体广告创意,包含不同的版式设计、字体搭配,并智能匹配适合的色彩方案,同时生成符合品牌调性的文案建议。设计师可以从 AI 生成的多个方案中进行筛选,对选定的创意进行专业调整,确保视觉效果的统一性,并优化创意与品牌的匹配度。

在程序化广告投放方面,腾讯广告的智能投放系统提供了强大的支持。营销人员可以利用该系统的智能出价功能,根据用户的实时行为和兴趣特征,动态调整广告投放策略。例如,系统可以识别出对运动鞋感兴趣的用户,并在他们浏览相关内容时精准投放广告,同时根据用户的点击率和转化率实时调整出价,优化广告效果。

在智能客服应用中,阿里云的智能对话机器人可以为品牌提供 24/7 的客户服务。营销团队可以根据产品特性和常见问题设置对话模板,机器人可以理解客户的自然语言输入,提供个性化的回答。例如,当客户询问"这款运动鞋适合长跑吗?"时,机器人可以根据鞋子的设计特点和用户评价给出专业的建议。

7.3.2　AIGC 营销的应用场景

在社交媒体营销中,字节跳动的剪映 AI 功能可以帮助品牌自动生成引人入胜的短视频内容。营销团队只需提供产品信息和目标受众特征,剪映 AI 就能生成多个版本的短视频营销脚本。例如,为数码印花设备生成一系列展示产品性能的趣味短视频,既可以是印花场景的动态展示,也可以是印花成品的时尚推荐(图 7-10、图 7-11)。

图 7-10　剪映 AI 生成短视频营销脚本

在个性化推荐方面,京东的个性化推荐引擎可以分析用户的浏览和购买历史,推送最适合的商品。例如,系统可以识别出一个用户最近浏览了多款跑步鞋,并查看了马拉松相关的文章,就会在首页和相关页面优先推荐适合长距离跑步的专业跑鞋。

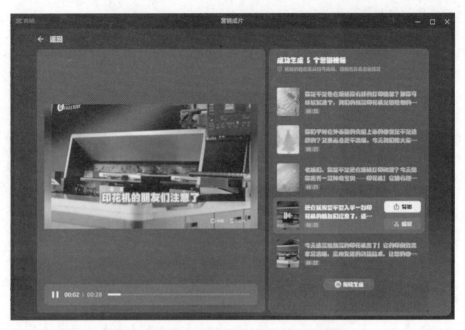

图 7-11　剪映 AI 根据营销脚本生成短视频

7.3.3　AIGC 营销的赋能价值

AIGC 在提升营销效率方面表现突出。例如，使用百度的 ERNIE-ViLG 模型，营销团队可以快速生成与文本描述匹配的产品展示图。只需输入"一双蓝色运动鞋在雨中奔跑，水花四溅"，AI 就能生成符合描述的视觉效果图，大大缩短了创意产出时间。

在消费者洞察方面，阿里巴巴的 DataV 可视化平台能够实时展示用户行为数据，帮助营销人员直观地了解消费趋势。例如，通过热力图展示不同年龄段、地区的用户对各类运动鞋的偏好，为产品设计和营销策略提供数据支持（图 7-12）。

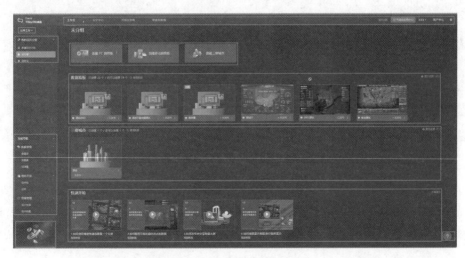

图 7-12　DataV 可视化工作台

7.4　智慧教育新引擎：AIGC 赋能个性化学习

AIGC 技术正在为艺术设计教育领域带来革命性的变革。本节将深入探讨 AIGC 在艺术设计教育中的具体应用，以及如何有效利用这些工具增强创作能力和优化学习体验。

7.4.1　智能创作助手的应用

在品牌标志设计实践中，设计师可以充分利用"即时设计"、Midjourney、DALL-E 3 等智能设计工具。以 Midjourney 为例，输入详细的设计需求如"代表环保科技公司的现代简约 logo，使用绿色和蓝色，融入叶子和电路板元素"，系统会生成多个符合要求的 logo 草图。

设计师应深入分析这些 AI 生成的概念，理解其在设计元素选择、配色方案和构图布局上的考量。随后，使用 Adobe Illustrator 等专业软件对这些概念进行深度创作和优化。这个过程不仅能快速可视化想法，还能训练对设计元素和视觉语言的理解和应用能力。

在概念设计中，Stable Diffusion、Midjourney、即梦 AI 等 AI 绘图工具为设计师提供了强大的创意探索空间。例如，设计未来风格电动汽车时，可以输入"未来主义电动汽车设计，流线型车身，发光的电子元素，在夜晚的城市背景中"，然后根据生成的图像不断调整细节，如"增加透明车顶""调整车身比例"等，直到得到满意的概念图（图 7-13、图 7-14）。

图 7-13　Midjourney 设计未来风格电动汽车概念图

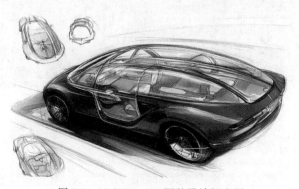

图 7-14　Midjourney 调整设计概念图

7.4.2　创作过程中的智能辅助

在平面设计中,Canva、Adobe Express 等智能平台正改变传统设计流程。输入详细设计需求如"创建现代简约风格的科技公司宣传册,强调创新和可持续发展理念",AI 就能生成多个版式方案。设计师应深入分析这些方案,理解 AI 在布局、色彩搭配和视觉层次上的选择,培养设计鉴赏能力和批判性思维。

在 UI/UX 设计中,即时 AI 和 Uizard 等工具可根据简单文字描述生成界面原型,并基于用户行为数据优化交互设计。例如,要求 AI 生成"专注于数据可视化的金融 App 首页",然后进行深度定制和优化(图 7-15、图 7-16)。

图 7-15　即时 AI 创作平台

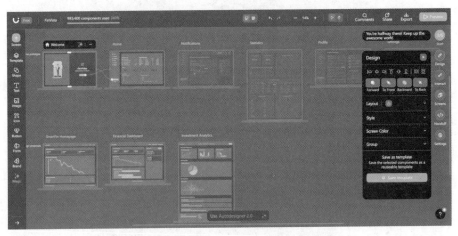

图 7-16　Uizard AI 生成金融 App 界面

7.4.3　个性化学习规划

AI 驱动的职业规划和技能分析工具如中国大学慕课 MOOC 的 AI 课程推荐系统,通过分析行业数据、就业趋势和个人技能评估,提供定制化的学习建议和职业发展路径。

例如，对于 UI 设计师，系统可能建议加强用户体验研究、交互设计原理和前端开发基础知识的学习，同时推荐相关行业讲座、线上课程或实践项目（图 7-17）。

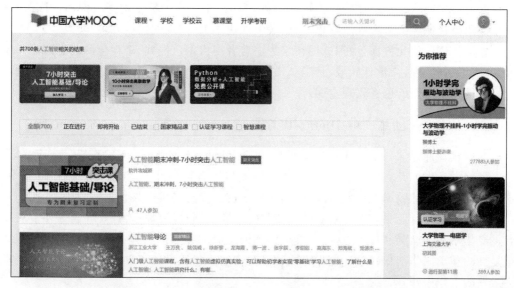

图 7-17   中国大学慕课 MOOC 平台上的人工智能课程

这些工具能实时更新并整合最新行业信息，根据学习者的进度和反馈不断调整建议。它们还可以帮助发现跨学科学习机会，如建议产品设计专业学生学习基础人工智能和物联网知识，以便在未来设计更智能、更互联的产品。

7.5   想象力经济新契机：AIGC 赋能创意产业

AIGC 技术正在为文化创意产业带来变革性的发展机遇。从内容创作到产品设计，从版权开发到消费体验，AIGC 在创意产业的各个环节中发挥着越来越重要的作用。本节将探讨 AIGC 如何在创意产业中应用，以及它为艺术设计专业学生带来的新机遇。

7.5.1   AIGC 赋能创意产业的技术路径

AIGC 在创意产业中的应用主要体现在内容创作智能化、产品设计辅助、版权开发赋能和消费体验优化等方面。在内容创作方面，大语言模型可以辅助完成文案、脚本、歌词等文字创作。例如，在广告设计中，设计师可以使用 AI 工具生成多个广告文案版本，然后从中选择最佳创意进行深化。这不仅提高了创作效率，也为创意提供了更多可能性。同时，AI 视频生成工具可以将文本快速转化为视频内容，大大提高视频制作效率，为内容创作者提供了强大的辅助。

在产品设计方面，通过 AI 驱动的数据分析工具，设计师可以更好地洞察用户需求，完成创意发散、概念设计、原型测试等环节。例如，在产品设计中，可以使用这些工具分析目标用户的社交媒体数据，生成用户画像，从而设计出更符合用户需求的产品。这种基于数据的设计方法不仅提高了设计的针对性,也为创新提供了坚实的基础。

版权开发方面,AI绘图工具为IP的跨媒体、跨平台、跨场景呈现提供了新的可能。设计师可以快速将文字描述转化为视觉形象,为IP开发提供更多选择。例如,可以为一个小说角色快速生成多个视觉形象方案,大大加快了IP开发的速度和多样性。

在消费体验优化方面,虚拟试用技术为消费者提供了沉浸式、个性化的创意产品和服务体验。例如,在时尚设计领域,基于AR的虚拟试衣系统能显著提升用户的购物体验,为设计师提供了新的创意表现空间。

7.5.2 AIGC在创意产业中的应用实践

在视觉设计领域,AI设计工具能根据关键词和风格描述,自动生成多个设计方案。这在平面设计中尤其有用,设计师可以快速生成多个海报设计草图,有效突破创意瓶颈。这不仅提高了设计效率,也为设计师提供了更多创意灵感和可能性。

在影视娱乐行业中,AI视频编辑工具在前期策划、分镜头脚本、特效合成等环节发挥着重要作用。在动画制作中,这些工具可以辅助生成动画分镜头脚本,或者自动完成一些重复性的动画制作工作。这让创作者能够将更多精力投入到故事创作和角色设计等更具创造性的工作中。

在游戏设计领域,AI工具可用于游戏AI角色的自动生成和训练,让游戏内容更加丰富多元。游戏设计师可以使用这些工具生成多样化的游戏场景或NPC对话,为游戏增添更多趣味性和可玩性。这不仅提高了游戏开发的效率,也为游戏设计带来了新的创意可能。

在工业设计中,AI工具可根据设计需求快速生成多样化的概念稿,并模拟产品使用场景,大大缩短设计迭代周期。产品设计师可以利用这些工具生成多个产品外观方案,然后基于这些方案进行深入设计,显著提高设计效率和创新能力。

7.5.3 AIGC对创意产业的赋能价值

AIGC对创意产业的赋能主要体现在激发创意灵感、提升创作效率和拓展产业边界三个方面。在激发创意灵感方面,AI工具可以作为"灵感助手",通过混合和变异现有图像,为设计师生成新的视觉元素,激发创意火花。这种方法可以帮助设计师突破思维定式,探索更多创意可能性。

在提升创作效率方面,AI绘图工具可以快速将文字描述转化为图像,大幅简化视觉创意生产流程。设计师可以利用这些工具快速生成多个概念草图,然后选择最佳方案进行细化。这不仅提高了创作效率,也为设计师提供了更多时间专注于创意构思和细节优化。

在拓展产业边界方面,虚拟世界平台为创意产业提供了新的发展空间。设计师可以尝试将传统的平面设计转化为虚拟现实中的互动体验,或者为虚拟世界创造独特的数字资产。这为创意产业开辟了新的市场,也为设计师提供了更广阔的创作舞台。

通过合理运用这些AIGC工具和技术,艺术设计专业的学生可以大大提升自己的创作能力和效率,同时探索创意产业的新边界。然而,重要的是要认识到AIGC是辅助工具而非替代品。真正的创意和艺术价值仍然来自人类的想象力、洞察力和情感表达。因此,在利用 AIGC 的同时，也要不断提升自己的核心创意能力和审美水平，这样才能在 AI 时代的创意产业中保持竞争力并实现持续发展。

本章小结

本章深入探讨了 AIGC 在跨媒体融合与创新领域的实践应用，展现了人工智能如何重塑创意产业的生态格局。从内容生产到游戏设计，从营销创新到教育变革，我们见证了 AIGC 推动创意产业进入智能化新纪元。

在跨媒体内容生成方面，我们剖析了 AIGC 如何实现多种媒体形式的智能转换与融合。从文本到图像、从图像到视频的跨媒体转换能力，不仅提升了内容生产效率，更为创意表达开辟了新的可能。特别是在品牌传播等实际项目中，AIGC 展现出强大的创意助手价值。

在游戏设计领域，我们探讨了 AI 如何从场景生成到角色设计，从游戏机制到交互体验，全方位重构游戏开发流程。通过具体案例，我们看到 AIGC 不仅提高了开发效率，更为游戏创意带来了无限可能，开启了沉浸交互的新纪元。

在智能营销方面，我们见证了 AIGC 如何通过数据分析、个性化推荐和智能创意生成，重塑营销策略和用户触达方式。从程序化广告到智能客服，从内容营销到用户洞察，AI 正在让营销变得更加精准和高效。

在教育创新领域，我们探索了 AIGC 如何通过智能创作助手、个性化学习规划等方式，推动教育模式的变革。AI 不仅为学习者提供了更丰富的创作工具，也为教育者开创了全新的教学方式。

在创意产业赋能方面，我们深入分析了 AIGC 如何为文化创意产业注入新活力，从内容创作到产品设计，从版权开发到消费体验，开创想象力经济的新契机。这些创新不仅扩展了创意产业的边界，也为从业者带来了新的发展机遇。

在下一章中，我们将深入探讨 AIGC 工具的具体操作方法，为你提供实用的创意实践指南。从提示词编写到参数调节，从工具选择到效果优化，我们将系统介绍主流 AIGC 工具的使用技巧，帮助你在实际项目中充分发挥这些工具的潜力。让我们带着对 AIGC 跨媒体应用的深入认知，一起探索 AI 辅助创作的具体实践方法吧！

练习与思考

（1）实施一个"跨媒体 AI 创意项目"。选择一个主题，运用多种 AIGC 工具创作跨媒体内容，包括文字、图像、音频、视频等形式。重点展现不同媒体形式间的融合创新，以及如何保持内容的一致性。

（2）探讨"AIGC 在跨媒体融合中的价值与挑战"。分析 AI 如何促进不同媒体形式的融合创新，以及在技术实现和创意表达上面临的挑战。思考跨媒体创作的未来发展方向。

第 8 章

创意实践：AIGC 工具使用指南

章节导语

　　在人工智能技术快速发展的今天，AIGC 工具正以前所未有的方式重塑创意设计的工作流程。从文本生成到图像创作，从音频处理到视频制作，这些智能工具为设计师提供了强大的创作支持。本章将详细解读主流 AIGC 工具的具体操作方法，帮助你在实际项目中充分发挥这些工具的潜力。

　　本章首先探讨 GPT 系列等文本生成工具的使用技巧，以及如何通过精准的提示词获得理想的输出；随后，介绍 Midjourney、Stable Diffusion 等图像生成工具的创意应用，以及音视频处理工具在创作中的具体运用。特别值得关注的是，本章将探讨如何在跨媒体创作平台上整合运用各类 AIGC 工具，实现多元化的创意表达。

　　作为未来的设计师，掌握 AIGC 工具的使用方法将提高学生的核心技能。本章的学习不仅帮助学生了解工具操作的具体细节，更重要的是启发学生思考如何在实际项目中灵活运用这些工具，提升创作效率和创意表现力。

学习目标

知识目标：

(1) 系统掌握主流 AIGC 工具的使用方法和技巧。

(2) 深入理解不同类型工具的特点和应用场景。

(3) 准确把握工具选择和组合的策略方法。

能力目标：

(1) 培养熟练运用 AIGC 工具的实操能力。

(2) 提升在实际项目中整合应用的能力。

(3) 发展创意表达和工具优化的能力。

素养目标：

(1) 树立正确的工具使用观，注重效率与创意的平衡。

(2) 培养实验精神，勇于探索工具的创新应用。

(3) 建立持续学习意识，保持对新工具的关注度。

8.1　文本生成工具：GPT 系列的使用技巧

　　在 AIGC 工具谱系中，以 GPT 为代表的大语言模型堪称"明星款"。近年来，AI 文本工具领域涌现出多个先进的模型，它们在自然语言处理、内容生成等方面展现出强大的能力，为创意写作开辟了更广阔的想象空间。本节将详细介绍 GPT 系列工具及国产 AI 文本工具的使用技巧，帮助设计师更好地利用这些工具提升创作效率。

8.1.1　ChatGPT：多领域智能助手

OpenAI 推出的最新模型 ChatGPT-4o 和 ChatGPT-o1 展现了人工智能在多领域应用中的深厚潜力，为用户提供了更加全面的智能支持。两款模型在功能侧重点上各有特色：ChatGPT-4o 在复杂任务和多轮交互中表现出卓越的创新能力，适用于需要深度支持的场景；而 ChatGPT-o1 则以高效精准的任务执行见长，更适合快速生成内容和专业分析的需求。

ChatGPT-4o 的推出标志着大语言模型在理解力和应用广度上的进一步突破。它不仅在文本生成和上下文推理方面表现出色，还能够适应跨领域的复杂需求，特别是在需要多学科知识和深度分析的场景中表现突出。例如，用户可以通过明确背景和角色定位，更精准地获得专业建议："作为一位品牌顾问，请帮我为一家以绿色能源为核心的科技企业构思品牌标识。"通过这种角色化的互动，ChatGPT-4o 能够提供更有深度且贴近实际需求的创意方案。

提供充分的背景信息能够帮助 ChatGPT-4o 更好地理解用户需求，从而生成更具针对性的内容。例如，在描述品牌设计时，用户可以补充目标市场、受众特征和竞争环境："这家公司的主要客户群是 35～50 岁的企业高管，他们关注可持续发展和技术创新。品牌需要体现环保与行业领导力，同时区别于市场中的主要竞争者。"通过这样的细节信息，模型能更加精准地捕捉核心需求，并输出贴近实际的建议。

ChatGPT-4o 的一大亮点是支持多轮交互。这种能力特别适合需要逐步完善的任务，例如用户体验设计或品牌传播策略。用户可以对模型进行动态调整和优化："关于你推荐的品牌标识设计，我喜欢第一个方案所体现的现代感，但希望增加一些象征自然的元素。可以基于现有设计进一步调整吗？"通过这样的迭代式交流，用户能够与模型协作，将初步创意逐步打磨成更完善的方案。

虽然 ChatGPT-4o 以文本处理为主，但它在创意过程中也能为视觉设计提供有价值的参考意见。例如，用户可以描述品牌的核心视觉风格，并请求优化建议："我们的品牌色调是蓝色和白色，象征科技与信任。你觉得这种配色在网站设计中如何应用，才能既突出科技感又保持简洁？"此外，它能够结合跨领域知识，为设计增添新的灵感来源："能否简单介绍一下自然界的黄金比例概念？我想将这种比例融入品牌设计中，体现自然与科技的和谐。"

在更复杂的项目中，ChatGPT-4o 还能够帮助用户整合多环节任务。例如，在规划一个新的品牌传播策略时，用户可以请求模型输出从品牌定位到传播内容的一系列建议："我们需要为一家手工艺品牌制定传播策略，包括：①提炼品牌核心价值；②撰写品牌故事，强调传统工艺与现代生活方式的结合；③推荐适合目标客户的传播渠道及视觉风格。"通过这种多任务整合，模型可以帮助用户从不同维度完善方案，提升整体项目质量。

相较于 ChatGPT-4o 的多轮交互和创意支持，ChatGPT-o1 更倾向于任务的高效执行和专业领域的深度分析。它能够快速生成高精度的内容，特别适合需要精准表达或数据分析的场景。例如,"请简要分析当前全球芯片短缺对新能源汽车行业的影响,并提出三条应对建议"。在商业场景中,它还可以根据复杂的数据生成清晰的报告:"根据以下市场调查数据,撰写一份关于消费者偏好的分析报告,并附上具体改进建议。"

在时间敏感的任务中,ChatGPT-o1 的高效性尤为明显。无论是优化项目流程还是制订可行的行动计划,它都能快速输出实用的解决方案。例如,"根据现有的资源和人员分配,为我们的研发项目制定优先级排序,并优化时间表"。同时,它能够结合最新的行业动态,为用户提供具有时效性的建议:"根据近期科技行业的趋势,我们该如何调整产品策略以保持市场竞争力?"对于优化已有内容,ChatGPT-o1 也能高效完成:"请基于以下初步的季度销售计划,补充并优化具体的执行步骤,确保目标可操作性。"

无论是需要逐步完善的复杂任务,还是要求快速、高效完成的具体工作,这两款模型都展现了人工智能在不同场景中的强大适应能力。ChatGPT-4o 和 ChatGPT-o1 的协同使用,让用户能够在创意探索与精准执行之间找到平衡,从而更高效地应对多样化的需求。

8.1.2 Claude 模型:长文档处理的智能伙伴

Anthropic 推出的 Claude 3.5 模型以其在长文档处理和深入分析方面的强大能力,成为许多复杂设计项目中的理想助手。这款模型的优势在于能够帮助用户理顺复杂的创意过程,生成结构化的内容,同时为设计中的细节优化和整体规划提供支持。无论是在探索创意方向、优化用户体验,还是在处理数据安全与合规性等问题时,它都能展现出高效且可靠的表现。

在创意设计的初期阶段,Claude 3.5 特别适合用来梳理设计理念和明确需求。例如,在用户界面设计中,可以通过简单描述让它帮助构思设计框架:"我们需要为一个面向年轻人的应用设计界面,希望整体风格轻松、有趣,同时保持操作的简洁流畅。请提供一些设计方向的建议。"通过这种交流,Claude 3.5 能够结合多种设计参考和趋势,为用户提供实用的建议或灵感,帮助快速明确创意方向。

在处理设计的细节时,Claude 3.5 也能通过多步骤的交互,为复杂任务提供逐层优化。例如,在设计一个多功能平台时,可以按照以下方式逐步推进:"第一步,设计一个适合首页展示的模块结构。第二步,分析这个布局在用户体验上的优劣势,并提出改进建议。第三步,针对改进后的结构,提供可能的配色方案与风格建议。"这种设计思路不仅能够帮助理清创意流程,还能确保每一步都符合整体目标和用户需求。

此外,Claude 3.5 在生成长文档和详细说明方面表现卓越。复杂的创意设计往往需要整理大量的背景信息、规划内容和用户流程,Claude 3.5 能够快速生成条理清晰的文档,为设计团队提供系统化的支持。例如,可以让它撰写这样一份文档:"请为我们设计的多功能平台生成一份报告,包括以下内容。①设计理念综述——如何通过界面设计表达平台的核心价值。②用户流程图——详细说明用户从注册到使用主要功能的路径。③可用性报告——如何平衡美观性与功能性,确保操作便捷。④数据保护方案——重点说明用户隐私在设计中的考虑。"通过这种方式,它能帮助团队高效完成设计文档的整理与输出,确保设计在实施过程中始终有据可循。

在创意设计中，伦理考量往往是一个容易被忽略但又非常重要的部分。Claude 3.5 能够通过深入分析，帮助用户发现潜在的伦理问题并提出解决方案。例如，在设计一个互动功能时，可以探讨其潜在的社会影响："我们计划在平台中加入一个基于用户行为的推荐系统，这会对用户的选择自由和隐私保护产生什么影响？如何在设计中减轻可能的负面作用？"通过这种对话，可以在设计的早期阶段就识别可能的风险，从而避免在后续落地中出现问题。

Claude 3.5 的能力还可以延伸到团队协作中，帮助设计团队更高效地沟通与协同。例如，在一个需要多方参与的项目中，可以让它生成一份清晰的任务分配计划："请根据以下项目阶段，为团队成员分配任务。①概念设计阶段——负责确定整体视觉风格与框架；②细节设计阶段——负责具体功能模块的设计与调整；③测试与反馈阶段——负责用户测试与反馈的整合。"这种文档不仅能够提升团队的协作效率，还能确保每个环节都在明确的指引下推进。

无论是设计初期的灵感探索，还是中后期的细节优化与实施总结，Claude 3.5 都能够在不同层次上为创意设计提供支持。它不仅能够帮助理清复杂的创意脉络，还能通过生成高质量的文档、分析用户需求、优化设计流程等方式，帮助设计团队提升效率，确保设计成果既有创意又具实用性。在这样的支持下，创意设计的过程变得更加有序且富有成效，最终呈现出更具吸引力的作品。

8.1.3　DeepSeek：深度融合中国文化的 AI 助手

DeepSeek（深度求索）公司推出的 DeepSeek 系列模型采用自主研发架构，支持复杂对话、推理及多模态处理等功能，尤其在需要体现中国元素的设计项目中表现出色。凭借对语言、文化与视觉表达的深刻理解，它为用户提供了精准且富有创意的灵感支持，帮助设计师更好地将传统与现代相结合。

在设计任务中，DeepSeek 能够充分挖掘中国文化的内涵，为创作提供多维度的参考。例如，当需要设计一个以传统节日为主题的内容时，可以通过简单的描述激发模型的文化洞察："我们计划设计一张中秋节主题的活动海报，需要结合中秋节的文化意象，如月亮、桂花和团圆。请提供相关的文化背景、文学典故，以及如何将这些元素融入现代设计语言中。"DeepSeek 会根据需求生成内容，不仅帮助设计师理解节日背后的文化意义，还能提出具体的设计建议，使作品既有传统韵味又焕发现代魅力。

对于品牌创意和文案设计，DeepSeek 对成语和典故的灵活运用是一大优势。在构思广告文案或品牌标语时，可以充分利用这一点。例如，"我们正在为一家绿色能源科技公司设计品牌标语，希望体现可持续发展的理念。请提供与'绿色''创新'相关的成语或典故，并基于这些元素创作几条简洁有力的标语"。模型能够迅速从中国传统文化中提炼出深刻寓意，为品牌设计注入文化内涵，同时增强传播的感染力。

在涉及地域文化的设计项目中，DeepSeek 能够提供丰富的本土化洞察。例如，在设计一个展示中国各地文化特色的 App 时，可以这样询问："我们正在为一款介绍中国各地文化的 App 设计界面，比如云南省的页面需要体现当地的民族风情和自然景观。请介绍云南的传统工艺、饮食文化以及民族特色，并建议如何将这些元素融入界面设计。"

DeepSeek 会结合历史、文化与美学,为用户提供具体而实用的视觉化建议,帮助设计更贴近地域特色。

跨文化设计是一个需要平衡本土元素与国际化视角的过程,而 DeepSeek 在这一领域同样表现出色。例如,在为一个面向国际市场的中国茶品牌设计包装时,可以这样与模型互动:"请提供设计建议,如何在包装中融入中国茶文化的元素,比如茶具、山水画或传统纹样,同时确保设计语言能够吸引西方消费者。"DeepSeek 会综合中国传统文化与国际美学,帮助设计师找到两者的最佳结合点,打造出兼具吸引力和文化深度的作品。

在探索传统与现代融合的设计中,DeepSeek 是设计师的得力助手。例如,在开发一个聚焦新中式风格的室内设计 App 时,可以这样提出需求:"我们需要一份关于新中式设计风格的参考建议,包括:①新中式风格的核心理念以及与传统中式的区别;②推荐常见的传统装饰元素及其文化背景;③设计一个新中式风格的配色方案;④提供适合 App 功能按钮的图标设计理念;⑤创作一段推广文案,突出传统与现代的结合特色。"模型能够快速分步骤生成高质量的内容,从理论到实践为设计师提供全面的支持,确保作品既有文化传承又不失时代感。

DeepSeek 的多维度能力使其在设计工作中展现出强大的适应性与创造力。无论是品牌标识、视觉设计、内容创作,还是跨文化项目,它都能通过对中国文化的深刻理解和灵活运用,帮助用户挖掘创意潜力,完成既有文化深度又极具现代感的设计作品。

8.2 图像生成工具:Midjourney、Stable Diffusion 的创意应用

2022 年,以 Midjourney、DALL-E、Stable Diffusion 为代表的文本到图像(text-to-image)模型走入大众视野,掀起了"AI 绘画"的热潮。这类模型以海量图像-文本对为训练数据,建立起语义与视觉的跨模态映射。用户只需输入简单的文字描述,大模型即可快速生成与之匹配的逼真图像。从插画设计到游戏场景,从建筑效果图到产品概念稿,AI 绘画工具正凭借高效、专业的形象改变设计生产的图景。设计师、艺术家们纷纷尝试用 AI 激发灵感、拓展创作疆域,开启人机协创的崭新里程。

8.2.1 Midjourney:梦幻视觉的缔造者

Midjourney 以其独特的艺术风格和强大的创意生成能力在 AI 绘画工具中脱颖而出。随着人物参考、风格参考、外部图像编辑器和区域重绘等新功能的推出,它在创造富有想象力和梦幻感的图像方面更进一步,使用门槛也大大降低。这些功能的组合运用为概念艺术、插画设计和视觉开发提供了强大支持。

构建精准的提示词是驾驭 Midjourney 的基础技巧。一个高质量的提示词应包含四个核心要素:主体内容、风格定义、技术参数和氛围营造。以创作未来城市为例,可以这样描述:"未来主义风格的智慧城市,巨型全息广告,玻璃幕墙反射暮光,磁悬浮列车穿梭其中,科技感十足,沉浸式广角视角,体现人文关怀。"这样的提示词不仅描述了场景内容,还指定了具体的艺术风格和视觉效果(图 8-1)。

图 8-1　Midjourney 提示词生成未来城市

人物参考功能为角色设计带来了突破性的进展。通过添加--cref 参数并上传参考图像，可以让 AI 保持角色的核心特征，同时生成不同场景中的表现。例如，设计一个动漫角色时，可以上传角色的正面立绘作为参考，然后描述："同一角色在雪原飞舞中奔跑，保持面部特征和服装设计，背景虚化，动感十足的姿态。"通过调整描述词，可以让角色在保持一致性的同时呈现丰富的动态表现(图 8-2)。

风格参考功能则极大地提升了创作的连贯性。通过添加--sref 参数并上传风格图片，可以让新生成的图像继承特定的艺术风格。这在系列创作中尤为重要。例如，创作一套城市印象插画时，可以先通过一张理想的作品确定基准风格，然后利用风格引用功能确保整个系列的视觉语言统一。配合--stylize 参数的调节，还能精确控制风格迁移的程度(图 8-3)。

图 8-2　Midjourney 生成动漫角色　　　　图 8-3　Midjourney 角色和风格一致性参考

外部图像编辑器的加入使创作流程更加流畅。设计师可以直接在可视化界面中进行局部修改、调色和构图调整，无须烦琐的命令行操作。例如，完成一幅概念设计后，可以直接在编辑器中优化细节、调整色彩平衡或重新构图。这种直观的操作方式大大提升了创作效率(图 8-4)。

图 8-4　Midjourney 外部图像编辑器色彩调整功能

　　区域重绘功能为创作提供了更精细的控制。通过选择图像的特定区域进行重新生成，可以在保持整体构图的同时优化局部细节。这在修改设计方案时特别有用。例如，如果对场景中某个人物或主体不满意，可以只针对该区域进行重绘，而不会影响画面的其他部分（图 8-5）。

图 8-5　Midjourney 区域重绘功能

　　在实际应用中，这些功能的组合使用能够产生更理想的效果。以品牌视觉设计为例，可以先用风格参考确定整体基调，再通过精准的提示词描述生成方案："科技初创企业的品牌标志，融合基因双螺旋和电路图案，简约主义设计，蓝绿渐变配色。"然后利用编辑器调整细节，最后通过区域重绘优化关键部分。

　　基础参数的设置同样重要。--ar 参数可以控制画面比例，适合不同的应用场景；--q 参数决定生成质量，在快速测试和最终输出时可以灵活调整；--seed 参数则用于重现特定的生成结果。这些参数的组合运用能够让创作过程更加精确可控。

　　Midjourney 的这些新功能大大拓展了创作的可能性。通过合理运用提示词系统、参考功能和编辑工具，设计师可以更高效地进行视觉创作。但需要注意的是，这些都是辅助创作的工具，真正的创意价值来自设计师的思维和判断。在使用这些工具时，应该将它们视为释放创意的助手，而不是创作的替代品。通过深入理解和熟练运用这些功能，设计师可以更好地应对各类创作挑战，推动设计创新的发展。

8.2.2　Stable Diffusion：开放生态的佼佼者

　　Stable Diffusion 凭借其开源特性和灵活的部署方式，在 AI 绘画领域占据重要地位。

随着 3.5 版本的发布，其在图像质量、生成速度和易用性方面都有显著提升。特别是新推出的 Medium 和 Large Turbo 模型，在保持高质量输出的同时，大幅提升了生成速度，使创作过程更加流畅。

提示词构建是使用 Stable Diffusion 的核心技巧。一个高效的提示词结构应包含四个要素：主体内容、风格定义、技术参数和氛围营造。以产品渲染为例，"现代风格的智能音箱设计，简约圆柱形态，织物表面与磨砂金属底座结合，温暖家居氛围，45 度俯视角，工作室布光，8K 超高清细节"，这样的提示词能充分利用 3.5 版本在材质表现和细节处理上的优势（图 8-6）。

图 8-6　liblib SD v3.5 文生图功能

图像生成控制是 Stable Diffusion 的一大特色。通过调整采样器类型（如 DPM++ 2M Karras）和采样步数，可以在速度和质量间取得平衡。新版本的 Turbo 模型即使在低采样步数下也能保持出色的画质，特别适合快速概念验证。对于需要精细刻画的作品，可以选择高采样步数和更强的引导系数（图 8-7）。

图 8-7　liblib SD v3.5 采样器类型选择

区域重绘功能（inpainting）在实际创作中极为实用。设计师可以精确选择需要修改的区域，保持其他部分不变。例如，在进行包装设计时，可以只针对产品表面进行材质调整："将包装表面改为珠光效果,保持原有的形状和阴影。"3.5 版本优化了边缘处理算法,使修改更加自然(图 8-8)。

图 8-8 liblib SD v3.5 区域重绘功能

图像参考技术(img2img)为创作提供了更大的控制力。通过上传参考图片,并设置合适的重绘强度(denoising strength),可以在保留原始结构的同时注入新的风格元素。例如,在进行品牌升级时,可以上传现有 logo,然后描述："保持核心图形,转换为 3D 立体效果,加入动态光影和金属质感。"

ControlNet 的应用则进一步提升了创作的精确度。通过线稿、深度图或姿态图等控制条件,可以更准确地引导图像生成。在角色设计中,设计师可以先绘制简单的线稿,然后通过 ControlNet 生成完整的角色形象,同时保持准确的比例和姿态。

在实际项目中,这些功能往往需要组合使用。以 UI 设计为例,可以先用线稿确定界面布局,通过 ControlNet 保持结构准确性,然后用提示词定义视觉风格："现代简约的应用界面,渐变背景,磨砂玻璃效果,柔和阴影,高端科技感。"最后通过区域重绘优化局部细节(图 8-9～图 8-16)。

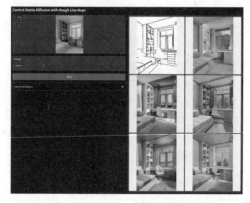

图 8-9 线条检测控制模式

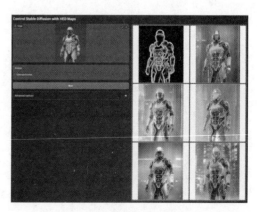

图 8-10 边缘检测控制模式

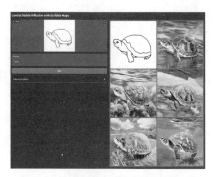

图 8-11　用户涂鸦模式

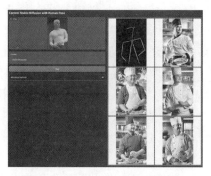

图 8-12　人体姿势检测控制模式

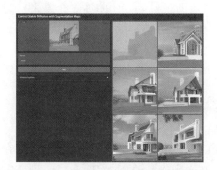

图 8-13　语义分割控制模式

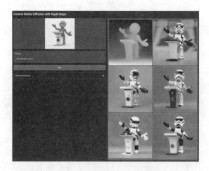

图 8-14　深度图控制模式

图 8-15　法线贴图控制模式

图 8-16　动漫线稿控制模式

　　模型定制能力是 Stable Diffusion 的另一大优势。通过 LoRA(low-rank adaptation，低秩适应)技术，设计师可以用少量示例图像训练出符合特定风格的模型。这在品牌设计中特别有价值，能确保生成的内容始终符合品牌调性。3.5 版本改进了训练效率，使定制过程更加便捷。

　　基础参数设置同样重要。CFG Scale(引导系数)控制生成内容与提示词的符合度，通常设置为7～11；Seed（随机种子）用于重现特定结果；Steps（步数）决定渲染精度，在 SDXL Turbo 中甚至可以低至1～4步依然获得优质输出。

高级技巧包括提示词权重调整和负面提示的使用。通过添加权重标记（如 beautiful：1.2），可以强调某些特征；负面提示词则用于避免不需要的元素出现，提高生成质量，例如，blurry、bad anatomy、distorted 等常用于提升人物图像的准确度。

在工作流程中，推荐先使用 Turbo 模型快速测试创意方向，确定后再用标准模型进行精细创作。对于需要保持一致性的项目，可以保存使用过的参数组合，建立个人的工作预设。

Stable Diffusion 作为开源生态中的佼佼者，其强大的功能和灵活的使用方式为设计师提供了丰富的创作可能。通过深入理解和灵活运用这些特性，设计师可以将其打造成得力的创作助手。然而，需要记住的是，这些都是辅助工具，真正的创意价值来自设计师的思维和审美判断。在掌握这些技术的基础上，更重要的是发挥个人创造力，创作出独具特色的设计作品。

8.3 音频处理工具：AI 作曲和音频编辑

耳熟能详的 ChatGPT、Midjourney 让 AI 在文字、图像创作上大放异彩。而在听觉维度，一大批 AIGC 工具也在悄然崛起。从 Amper 到 Boomy，从 Brain.fm 到 Mubert，AI 正以其高超的"听力"和"创造力"重塑音频创作的版图。这些智能工具可分析海量音乐作品，学习其中的旋律、节奏、音色搭配规律，再倾力合成迎合不同场景、心情的原创音乐。它们让每个人都能低门槛地创作动听旋律，让音乐人从烦琐的编曲工作中解放出来，专注更具创造性的构思。在音频编辑领域，Adobe 也推出了 Project Shasta 等 AI 辅助工具，可智能降噪、校准语速、转换语音，大大简化了后期制作流程。AI 工具正以听觉为桥梁，为数字内容注入动人的声音。

8.3.1 AI 作曲工具的使用技巧

Suno 凭借其强大的音乐生成能力和直观的创作流程，在 AI 音乐创作领域占据领先地位。随着4.0版本的发布，其创作界面得到了全面优化，特别是在歌词创作、风格选择和人声定制等方面带来了革命性的突破，使创作过程更加流畅自然。

歌词创作模块是 Suno 的核心功能之一。创作者可以在3000字的输入框中详细描述创作意图或直接输入歌词。这种灵活的输入方式让创作者能够精确表达自己的创作构想。比如在创作品牌主题曲时，可以这样描述："创作一首充满科技感的企业歌，表达创新精神和团队凝聚力，语言积极向上，朗朗上口，适合年轻团队传唱。"通过切换 Instrumental 开关，还能选择是否需要纯音乐版本，这在创作广告配乐或影视配乐时特别有用。

音乐风格选择系统提供了丰富的预设标签。从 wonky 到 ambient lo-fi，再到 samba-rock，覆盖了主流和小众的各类音乐类型。创作者可以选择单一风格，也可以通过组合多个标签创造独特的音乐效果。例如，将 ambient lo-fi 与电子元素结合，可以创造出既现代又富有氛围感的音乐效果。通过 Exclude Styles 功能，创作者还能精确排除不需要的风格元素，使作品风格更加纯粹和统一。

人物特征定制是 4.0 版本引入的重要创新。这一功能允许创作者选择不同的演唱风格和声音特征，为音乐创作提供了更多的个性化可能。在广告歌创作中，可以选择充满活力的年轻声线；在企业宣传片配乐中，则可以选择更加成熟稳重的声音特征。这种精确的声音定制能力，让音乐作品更好地服务于不同的商业场景。

音频上传功能极大地扩展了创作的可能性。创作者可以上传自己的参考音乐或原创素材，Suno 能够智能分析其风格特征并应用到新作品中。这一功能在改编和二次创作中特别有价值，能够确保新作品与原有音乐风格保持一致性，同时又能注入新的创意元素。

在实际的商业项目中，这些功能需要进行有机组合。以品牌主题曲创作为例，创作者首先要在歌词部分清晰描述品牌调性和创作意图，然后选择符合品牌气质的音乐风格组合，再通过人声定制功能选择最适合的演唱特征。必要时，还可以上传品牌现有的音乐素材作为参考，确保新作品与品牌形象高度统一。

Suno 的这些功能设计充分体现了 AI 音乐工具向着专业化和易用性方向发展的趋势。它既保留了专业音乐创作所需的精确控制，又通过智能化的界面设计降低了创作门槛，让更多人能够参与到音乐创作中来。但需要记住的是，界面功能再强大，也只是辅助创作的工具。真正的音乐价值来自创作者的艺术感知和情感表达。在掌握这些功能的基础上，更重要的是发挥个人创造力，创作出既专业又富有情感的音乐作品。对于设计师而言，深入理解和灵活运用这些功能，将有助于更好地完成音乐创作任务，为作品注入独特的艺术魅力。

8.3.2　音乐细节的调校与优化

在调校音乐细节时，设计师需要像"雕琢珍珠"一样耐心打磨。优秀的背景音乐能够在无声中渲染意境，巧妙地调动观众的情绪。这就要求旋律在音高、节奏、强弱等各个方面都经过精心打磨，时刻与画面情绪保持呼应。

在具体操作中，可以借助 AI 工具的参数调节功能微调音乐效果。例如，使用 Amper Music 时，可以通过调整 Energy 和 Mood 滑块改变音乐的整体氛围。如果需要烘托温馨场景，可以将 Energy 调低，Mood 调至较为舒缓的位置，同时在乐器选择中加入钢琴、原声吉他等温暖的音色。对于需要渲染紧张氛围的场景，则可以提高 Energy，选择更多的打击乐器，并适当增加低音部分的比重。

在调校过程中，反复试听和比较是非常重要的。一段动人的旋律往往需要在多次聆听和调整中逐渐成形。设计师可以生成多个版本的音乐，然后对比它们在实际场景中的表现效果。通过这种迭代优化的方式，可以最大限度地释放 AI 生成音乐的潜力。

在使用 AI 工具进行音乐创作和调校时，人的审美直觉仍然起着决定性的作用。AI 可以提供海量的可能性，但选择什么、如何使用，仍然需要创作者的艺术判断。因此，在使用这些工具时，要保持敏锐的听觉感受，捕捉那些能够真正打动人心的音乐元素。

8.4　视频创作工具：AI 辅助剪辑和制作

近年来,影视创作领域正经历着前所未有的变革。曾经被视为高门槛的专业领域,如今借助一系列 AIGC 工具,正逐步向普通创作者开放。从剧本创作到后期制作,从虚拟主播到 AI 生成视频,人工智能正在影视创作的各个环节发挥着越来越重要的作用。这些智能工具不仅简化了视频制作流程,还为创作者们开启了无限的创意可能性,让每个人都能用镜头讲述动人的故事。国际平台如 Runway、Flawless、Synthesia,以及国产的可灵AI、剪映、通义万相等,都在以面向未来的创新范式,吸引着全球的内容创作者。让我们带着好奇和开放的心态,一起探索 AI 影视制作的新蓝海,用科技之光照亮我们心中的银幕梦想。

8.4.1　AI 辅助剧本创作与内容构思

在影视创作的初始阶段,运用 AIGC 工具进行剧本创作和内容构思已成为一种新兴的趋势。这个过程要求创作者首先运用“编剧思维”构建内容的框架。一部优秀的影视作品不仅仅是技术的展示,更是艺术与技术的完美结合。因此,在开始使用 AI 工具之前,我们需要像专业的编剧和导演一样,深入思考作品的主题、结构和节奏,为整个内容搭建一个坚实的逻辑框架。

AI 辅助剧本创作工具,如 ChatGPT 或其他专门的 AI 编剧软件,在这个阶段可以发挥重要作用。例如,当你有了一个初步的故事概念,比如“一个关于在未来智慧城市中,人工智能如何帮助解决环境问题的科幻故事”,你可以将这个概念输入到 AI 系统中。AI 会基于这个概念,生成一个基本的三幕式结构大纲。这个大纲通常包括设置、对抗和解决三个部分,每个部分都会包含关键的情节点和人物发展。

在得到这个基本框架后,创作者可以进一步与 AI 互动,要求它细化每个部分的内容。例如,你可以询问 AI:“在第二幕中,主角如何说服市民接受 AI 系统参与城市管理?”AI 可能会提供多个创意选项,比如通过公开辩论、实地演示或者一系列小规模试点项目展示 AI 系统的优势。这些建议可以激发创作者的灵感,帮助他们选择最适合故事发展的元素。

接下来,创作者可以利用 AI 深化人物塑造。你可以要求 AI 为主角和其他关键角色创建详细的背景故事和性格特征。例如,你可以输入:“请为一个 40 岁的女性环保科学家创建一个性格概述,她是这个未来城市 AI 项目的领导者。”AI 可能会生成一个复杂的人物描述,包括她的教育背景、职业经历、个人生活、价值观念,以及她对 AI 和环境问题的看法。这样的人物设定可以帮助创作者在后续的剧本写作中更好地把握人物的行为动机和对话风格。

在构建故事世界观方面,AI 也可以提供宝贵的帮助。你可以要求 AI 描述这个未来智慧城市的各个方面,包括其技术水平、社会结构、环境状况等。例如,“请描述 2050 年的智慧城市中,人们的日常生活是什么样子的?”AI 可能会生成一个生动的描述,涵盖从智能家居系统到自动驾驶交通网络,从虚拟现实工作环境到基于 AI 的医疗诊断系统等各个方面。这些细节可以帮助创作者构建一个丰富、真实的未来世界。

对于分镜头脚本的创作，AI 文本工具也能提供强大的支持。创作者可以向 AI 描述每个场景的主要内容和情感基调，然后要求 AI 生成详细的镜头描述。例如，你可以输入"场景：未来城市的中央控制室，主角正在与 AI 系统进行关键对话。氛围：紧张而充满希望。请为这个场景创作一个包含 5 个镜头的分镜头脚本"。AI 会生成一系列镜头描述，包括镜头类型、角度、动作和对话。这可能包括一个展示整个控制室的远景镜头，一个显示主角操作全息键盘的中景，主角眼睛注视屏幕的特写，通过主角视角看到的城市数据的主观镜头，以及主角与 AI 系统对话时表情变化的特写等。

有了这样详细的分镜头脚本，创作者就可以进一步使用 AI 图像生成工具，如 DALL-E、Midjourney 或国产的文心一格，为每个镜头创建概念图。这个过程不仅能帮助创作者在视觉上具体化他们的创意概念，还能为后续的实际拍摄或 3D 制作提供清晰的参考。

在整个创作过程中，AI 工具的作用是激发灵感、提供选项和辅助创作，而不是取代人类的创造力。创作者需要根据自己的艺术视角和对故事的理解，从 AI 生成的内容中筛选、组合和改编，最终形成一个独特且引人入胜的剧本。这种人机协作的方式既保留了人类创作的独特性和情感深度，又充分利用了 AI 在信息处理和创意联想方面的优势。

此外，AI 还可以帮助创作者进行市场研究和受众分析。通过分析大量的影视作品数据和观众反馈，AI 可以提供关于当前流行题材、叙事风格和观众喜好的洞察。这些信息可以帮助创作者在保持艺术追求的同时，考虑到商业因素和观众需求。

8.4.2　AI 辅助视频拍摄与制作

在实际的视频拍摄和制作阶段，AI 工具的应用正在彻底改变传统的工作流程。国际平台如 Runway ML 和国产的可灵 AI、剪映等都提供了强大的视频编辑功能，这些工具不仅能提高效率，还能为创作者提供前所未有的创意可能性。

剪映的 AI 数字人功能是这一领域的一大突破。这项技术允许用户快速创建虚拟主播，为内容创作带来了新的维度。使用这个功能，创作者可以选择预设的数字人模型，或者上传自己的照片创建个性化的数字人。之后，只需输入文字脚本，AI 就能生成对应的视频，包括精确的口型同步和自然的面部表情。这个功能特别适合制作新闻报道、产品介绍或教育内容，大大降低了这类视频制作的门槛和成本。

剪映的绿幕抠像功能也得到了 AI 的加持，这大大简化了后期制作的流程。即使在家庭或小型工作室的非专业环境中，绿幕的质量不是很理想，AI 也能智能识别前景和背景，实现精确的抠像效果。这使得创作者可以在各种场景中自由发挥创意，将演员或主持人置于任何想象中的背景之中。

在运动捕捉和动画制作方面，Runway 的 Motion Brush 功能提供了革命性的解决方案。对于需要大量重复动作的场景，如人群行走或飞行汽车移动，创作者只需绘制一小段动作，AI 就能自动延展并应用到整个视频中。这大大节省了动画制作的时间和成本。例如，在创作一个未来城市的繁忙街道场景时，创作者可以使用 Motion Brush 功能快速创建大量行人和车辆的动画，使场景更加生动和真实。

AI 辅助视频拍摄与制作正在为创作者提供前所未有的工具和可能性。这些工具不仅简化了复杂的技术流程,还为创意表达开辟了新的途径。然而,重要的是要记住,这些工具的目的是增强而不是替代人类的创造力。真正优秀的作品仍然需要创作者的艺术视角、情感投入和对细节的把控。通过巧妙地结合 AI 工具和人类创意,我们有可能创造出既技术先进又富有人文关怀的影视作品,真正推动影视艺术的边界。

8.4.3　AI 在后期制作中的应用

在影视后期制作阶段,AI 工具的应用正在彻底改变传统的工作流程,大大提高了工作效率,同时为创作者提供了更多的创意可能性。国产的剪映就是这个领域的佼佼者,它不仅提供基本的视频编辑功能,还集成了多种 AI 功能,如智能剪辑、自动字幕生成等,这些功能正在重新定义后期制作的标准。

剪映的智能剪辑功能是其中一个革命性的工具。使用这个功能,创作者可以上传大量的原始素材,AI 会自动分析这些素材,识别其中的精彩片段,并生成一个初步的剪辑版本。这个功能在处理大量纪录片素材或长时间拍摄的素材时特别有用。例如,如果一个创作者拍摄了数小时的城市建设过程,AI 可以帮助提取关键时刻,生成一个紧凑而富有吸引力的时间流逝视频。这不仅大大节省了时间,还能确保不会遗漏重要的画面。

更进一步,剪映的 AI 营销自动剪辑工具专门针对社交媒体内容进行了优化。创作者可以选择指定视频主题和风格,AI 就会自动生成符合平台特性的短视频。例如,为未来城市项目创作一系列 15 秒的抖音视频,每个视频可以聚焦一个特定的环保科技创新。AI 会考虑平台的特性,如垂直屏幕的要求、最佳视频长度、主流的视觉风格等,自动裁剪和编辑素材,添加适当的转场效果和文字说明,甚至可以根据音乐节奏调整画面切换,从而生成既专业又吸引人的短视频内容。

在音频处理方面,AI 的应用同样广泛。例如,自动降噪功能可以智能识别和消除背景噪声,提高音频质量。自动均衡功能则可以调整音频的各个频段,使声音更加清晰饱满。对于包含对话的视频,AI 还可以自动生成字幕,大大减少了人工听写和校对的工作量。

更高级的 AI 音频处理功能包括声音分离和音频修复。例如,在一个嘈杂的环境中录制的采访视频,AI 可以分离出人声和背景音,允许创作者单独调整这两个音轨的音量,或者完全替换背景音。对于音质不佳的历史音频资料,AI 还可以进行修复和增强,使其更加清晰可听。

在视觉效果方面,AI 也带来了革命性的变化。例如,超分辨率技术可以将低分辨率的视频提升到更高的分辨率,使画面更加清晰。色彩增强技术可以自动调整视频的色彩平衡和饱和度,使画面更加鲜艳生动。一些高级的 AI 还可以进行物体移除或场景扩展,例如移除画面中不需要的路人或标志,或者扩展画面的背景。

此外,AI 还在视频内容分析和管理方面发挥着重要作用。例如,它可以自动为视频添加标签,识别视频中出现的人物、物体和场景,这大大简化了素材管理和搜索的过程。在大型制作项目中,这种功能可以显著提高工作效率,使创作者能够快速找到所需的素材。

在创意优化方面,剪映的 AI 标题生成工具可以根据视频内容自动生成吸引眼球的标题。例如，对于一个展示未来城市项目的视频，它可能会生成"2050 年的绿色革命：AI 与人类共创的生态天堂"这样的标题。这个功能不仅可以为创作者提供灵感，还能根据不同平台的要求生成不同长度和风格的标题，优化视频在各个平台上的表现。

AI 技术正在彻底重塑视频后期制作领域的格局。它不仅大大提高了工作效率，降低了高质量内容制作的门槛，还为创作者提供了更多的创意可能性。然而，真正优秀的作品仍然需要人类创作者的艺术感觉、情感投入和对细节的把控。未来，那些能够巧妙结合 AI 工具和人类创意的创作者，将在这个快速变化的领域中脱颖而出，创造出既技术先进又富有人文关怀的影视作品。

8.5　跨媒体创作平台：综合 AIGC 工具的使用

随着 AIGC 技术的发展，一批面向不同内容形态、服务于创作全流程的智能工具如雨后春笋般涌现。这为综合运用 AIGC 实现全媒体创意表达带来新的可能。在跨媒体创作平台上，视频、音频、图文等多元内容形式实现无缝融合，互为表里，激荡出"化学反应"。创作者可发挥想象，将不同智能工具的拿手绝活组合运用，打造沉浸式、多感官的创意作品。这种人机交互、媒体交融的创作新范式，不仅大幅拓展了创意表达的维度，也为传统内容产业注入新鲜活力。让我们以开放的心态拥抱这股智能之风，在 AI×Creator 的赛道上尽情驰骋创意，用科技之光照亮心中的创作梦想。

8.5.1　跨媒体创作的战略规划

运用跨媒体智能创作平台进行创意表达时，首先要明确项目主题，梳理内容架构。作品的核心诉求是什么？希望传达怎样的情感？针对哪些细分受众？回答这些问题有助于在纷繁的创意选项中理清思路，构建内容的主线。在这个阶段，创作者可以利用 AI 辅助工具帮助构建项目框架。例如，使用文心一言等国产大型语言模型头脑风暴创意概念，或者使用百度脑图等国产思维导图工具可视化项目结构。这些工具可以帮助创作者快速生成多个创意方向，并且有助于识别不同创意元素之间的联系。

假设我们要创作一个关于"未来可持续城市"的跨媒体项目。我们可以向 AI 提问："请为一个展示 2050 年可持续智慧城市的跨媒体项目提供主要主题方向。"AI 可能会给出多个方向，包括智能能源系统、绿色交通革命、垂直农业与城市绿化、循环经济模式、智能生活空间等。有了这个框架，我们就可以进一步细化每个主题，并考虑如何用不同的媒体形式表达每个主题。

接着，要整合各类 AIGC 工具，为项目"配齐"最佳技术栈。在选择工具时，需要考虑每个工具的特长，以及它们如何协同工作实现项目目标。例如，在制作关于未来可持续城市的概念短片时，我们可以组合使用多种 AIGC 工具。我们可以使用文心一格生成未来城市的概念图片，定义整体美术风格；利用阿里巴巴的 PAI-Diffusion 模型，将生成的静态图像转化为更详细、更符合特定需求的图像；使用可灵 AI 的智能视频创作功能，基于这些图像制作动态视频内容，渲染身临其境的未来感。

可灵 AI 作为国产的 AI 视频创作工具，具有强大的智能视频生成能力。它可以将静态图像转换为动态视频内容,并支持添加各种特效和动画。例如,我们可以利用可灵 AI 将悠船 AI 生成的未来城市概念图转化为生动的视频场景。通过其智能算法,我们可以在这个未来城市的视频中添加飞行的电动汽车、自动化的垂直农场、智能化的建筑外观等动态元素,使整个场景栩栩如生。可灵 AI 的 AI 视频创作功能不仅可以处理 2D 内容,还能生成具有一定深度感的视频效果,让静态图像产生动态和立体感。这种能力特别适合我们的未来城市项目,因为它可以将概念设计转化为更具沉浸感的视觉体验。

对于需要的人物角色,我们可以使用腾讯的 AI 视频生成技术生成短视频片段,展示未来城市居民的日常生活场景;使用讯飞开放平台的语音合成技术生成和编辑画外音旁白,解释视频中展示的未来城市特点;最后,用网易天音等国产 AI 配乐工具为整个视频创作一个充满未来感的背景音乐,烘托氛围,为影片注入律动张力。

通过这样的工具组合,我们可以创造出一个全面展示未来可持续城市的沉浸式视频体验。每个工具都在其最擅长的领域发挥作用,共同构建出一个丰富、生动的未来城市图景。在整个创作过程中,重要的是要保持对整体美学和叙事的统一控制。虽然我们使用了多个 AI 工具,但最终的创意决策和艺术指导仍然需要人类创作者来把控。我们需要确保从悠船 AI 生成的概念图,到可灵 AI 制作的动态视频场景,再到网易天音生成的背景音乐,都能和谐地融合在一起,传达出一致的未来城市愿景。

8.5.2 跨媒体资源的整合与优化

在跨媒体创作中,资源的整合和优化是至关重要的一环。音频、视频、3D 模型等数字资源是 AIGC 的"创作原料",其丰富性和多样性很大程度上决定了 AI 生成内容的想象力空间。因此,我们需要广泛采集、管理、整合多元化的数字资源,用"料理"的创意组合跨媒体素材,供 AIGC 系统消化吸收。

对于图片资源,除了使用 Midjourney 和 Stable Diffusion 生成的图片,我们还可以收集真实的城市照片、科技产品图片等,作为 AI 生成和创作的参考。在音频方面,除了使用 Mubert 生成的背景音乐,我们还可以收集城市环境音、未来科技音效等。对于视频资源,我们可以收集一些现有的城市延时摄影、科技产品演示视频等,作为我们创作的参考和素材。

在整合这些资源时,我们需要特别注意版权问题。确保所有使用的资源都有适当的使用许可,或者是我们自己创作的原创内容。资源整合后,下一步是优化这些资源以便于 AIGC 工具使用,包括:①格式转换,确保所有资源都是在各 AIGC 工具支持的格式中;②分类标注,为所有资源添加详细的标签和描述;③质量优化,使用 AI 工具如 Topaz Labs 的产品提高图片和视频的质量;④风格统一,使用滤镜或 AI 风格转换工具,确保所有视觉元素有一致的风格。

在跨媒体内容生产中,我们还要注重媒体间的美学协同,做到一体化的风格把控。这需要我们熟悉不同类型 AI 工具的美学调校技巧,在算法参数中找到"黄金交叉点",实现媒体形式间的美学交响。例如,在未来城市项目中,我们需要确保视觉风格的一致性,从 2D 概念图到 3D 模型,再到最终的视频渲染,都要保持一致的色彩方案、光影效果和几何风格;音频与视觉的和谐,背景音乐的节奏和情感应该与视觉元素相匹配;以及叙事的连贯性,无论是视觉、听觉还是文字叙事,都应该服务于同一个故事主线。

通过精心的资源整合和优化,我们可以为 AIGC 工具提供最佳的"原材料",从而创造出高质量、富有创意的跨媒体内容。这个过程虽然可能耗时,但它是确保最终作品质量的关键步骤。

8.5.3 沉浸式叙事与 AIGC 的分支叙事潜力

在当代跨媒体创作中,沉浸式叙事正成为一种越来越受欢迎的表现形式。与传统的线性叙事不同,沉浸式体验通过分支情节、多结局设置,让观众参与塑造故事,化身"剧中人"。AIGC 恰好为这种"程序化叙事"提供了强大的支持。在我们的未来城市项目中,我们可以利用 AIGC 的分支叙事潜力,创造一个互动式的虚拟城市体验。

首先,我们可以利用 AI 角色生成工具,如 Synthesia 或 D-ID,创建多个虚拟市民角色。观众可以选择不同的角色,从不同的视角体验未来城市。每个角色可能有不同的职业、生活方式和关注点,比如环保科学家、自动驾驶工程师、垂直农场管理员等。AI 可以根据角色设定生成相应的对话和行为模式。

其次,我们可以利用 GPT-4o 或类似的语言模型,创建一个交互式的对话系统。观众可以在关键节点做出决策,这些决策会影响故事的发展。例如,观众可以决定是否支持一项新的环保政策,他们的选择会影响后续看到的城市发展场景。

此外,我们可以使用程序化生成技术,如 Unity 的 HDRP 结合 AI,根据观众的选择实时生成城市环境。例如,如果观众选择支持更多的绿色空间,AI 可以实时生成更多公园和屋顶花园的场景。利用自然语言处理技术,我们可以分析观众在体验过程中的选择和反应,并据此调整后续的叙事内容。

结合 VR/AR 技术,我们可以创造更加沉浸式的体验。例如,使用 AI 生成的 3D 模型和纹理,在 AR 环境中展示未来城市的各个方面,让观众可以通过手势交互探索城市的不同部分。我们还可以引入多人在线互动元素,允许多个观众同时体验这个未来城市。使用 AI 驱动的 NPC 来增加城市的生机和互动性。观众可以与这些 AI 角色交谈,了解更多关于城市的信息。

利用 AI 数据分析和可视化技术,我们可以实时展示观众的选择如何影响城市的各项指标,如空气质量、能源效率、市民幸福指数等。这些可视化效果可以以全息投影的形式在虚拟城市中展示。在音频方面,我们可以使用 AI 音乐生成工具,如 Amper Music 或 AIVA,根据当前的场景和情感基调实时生成背景音乐。

最后,基于观众在整个体验过程中的选择,AI 可以生成个性化的结局。这可能包括一段总结视频,展示观众的决策如何塑造了这个未来城市,以及一份"城市发展报告",详细分析观众的选择对城市各方面的影响。利用 AI 的学习能力,系统可以分析所有用户的选择和反馈,不断优化和更新内容。

通过这种方式,我们创造的不再是一个静态的作品,而是一个动态的、可以不断演化的虚拟世界。观众不再是被动的接收者,而是故事的积极参与者和共同创造者。这种沉浸式的体验不仅能够更好地传达我们关于未来城市的愿景,还能激发观众的想象力,让他们深入思考城市发展和可持续性的问题。

本章小结

本章深入探讨了主流 AIGC 工具的具体操作方法，展现了人工智能如何在实际创作中发挥强大的辅助作用。从文本到图像，从音频到视频，我们系统介绍了各类工具的使用技巧，帮助设计师在实践中更好地驾驭这些创作利器。

在文本生成工具方面，我们详细剖析了 GPT 系列、文心一言等工具的使用方法。从提示词编写到多轮对话，从角色设定到任务分解，这些技巧不仅提高了工具使用的效率，更为创意写作开辟了新的可能。

在图像生成领域，我们探讨了 Midjourney、Stable Diffusion 的创意应用。从提示词构建到参数调节，从风格引用到图像优化，系统的实操指导帮助设计师更好地驾驭这些强大的视觉创作工具。

在音频处理方面，我们介绍了 AI 如何革新音乐创作和音频编辑流程。从 AI 作曲到音频优化，从配乐制作到音效处理，这些工具正在为声音艺术注入新的活力。

在视频创作领域，我们探索了从智能剪辑到特效制作的全流程应用。可灵 AI、寻光等工具展示了 AI 如何提升视频制作的效率和品质。特别是在自动剪辑、虚拟主播等方面的突破，为视频创作带来了新的可能。

在跨媒体创作平台方面，我们深入分析了如何整合运用各类 AIGC 工具。从资源管理到创意整合，从沉浸式叙事到分支剧情，这些实践经验为设计师提供了全新的创作思路。

在下一章中，我们将探讨 AIGC 应用中的法律和伦理问题，思考如何在技术创新与规范发展之间找到平衡。从版权保护到数据隐私，从艺术真实性到行业监管，我们将深入分析 AIGC 发展面临的关键挑战。让我们带着对 AIGC 工具使用的深入理解，一起探索人工智能与创意设计的伦理边界吧！

练习与思考

（1）编写一份"AIGC 工具使用手册"。选择 3～5 个主流 AIGC 工具，详细记录其功能特点、操作方法、最佳实践和注意事项。手册应包含实际案例演示和使用技巧分享。

（2）分析"如何构建个人的 AIGC 工具库"。探讨在众多 AIGC 工具中如何选择最适合自己的工具组合，以及如何建立高效的工作流程。思考工具选择的标准和使用策略。

第9章

伦理指南针：AI 创作的道德与法律探讨

章节导语

在人工智能迅速发展的今天，AIGC 的应用引发了一系列深刻的法律和伦理思考。从版权归属到数据隐私，从艺术真实性到行业监管，这些问题不仅关系 AIGC 的健康发展，更直接影响创意产业的未来走向。本章将带学生深入探讨 AIGC 应用中的法律与伦理问题，思考如何在科技发展与人文关怀之间找到平衡。

本章首先分析 AI 创作中的版权问题，探讨生成内容的知识产权归属；随后，介绍数据隐私与安全问题，以及如何在利用 AI 工具时保护个人信息。在艺术价值方面，本章将探讨 AI 创作的真实性与独特性。最后，本章将探讨行业监管与自律机制，以及设计师在 AI 时代应承担的责任。

作为未来的设计师，理解并正确处理这些法律和伦理问题将提高学生的必备素养。本章的学习不仅帮助你了解相关规范，更重要的是启发你思考如何在遵循法律与伦理的前提下，创造真正有价值的设计作品。

学习目标

知识目标：

(1) 深入理解 AIGC 应用中的法律法规和伦理规范。

(2) 准确把握 AI 创作的版权归属和使用边界。

(3) 系统掌握数据隐私保护和安全管理要求。

能力目标：

(1) 培养依法合规使用 AIGC 工具的实践能力。

(2) 提升在设计过程中的伦理判断能力。

(3) 发展保持作品独特性和价值的创新能力。

素养目标：

(1) 树立正确的法律意识和职业道德观。

(2) 培养负责任的创新精神和人文关怀。

(3) 建立终身学习的意识，持续关注行业规范。

9.1 法律与道德的探讨：AI 创作的版权问题

AIGC 技术的快速发展正在颠覆传统的内容生产方式。大量的文本、图像、音视频作品在智能算法的驱动下大规模涌现。然而，这些机器生成的内容是否构成具有独创性的作品？其知识产权应归属于谁？这些问题成为 AI 创作领域的重大法律和伦理难题。本节将对 AI 生成内容的版权归属展开讨论，以厘清权责边界，为 AIGC 领域的创新实践提供指导。

9.1.1　AIGC 生成内容的原创性认定

AIGC 生成内容的原创性认定存在争议。版权法要求作品具备独创性才能获得保护，即作品应源于作者独立思想劳动，体现作者个性化的选择和安排。然而，AIGC 生成内容往往基于海量数据训练形成的统计模型，其创作逻辑与人类思维有本质区别。

部分观点认为，AIGC 系统仅是对训练数据进行组合拼装，未形成原创性表达，不应认定为具有独创性的作品。另一种观点则认为，AIGC 生成的内容虽源于机器，但其创意灵感和生成逻辑均源于人工设计，体现了人类的智力劳动，因而可视为具有原创性。

在设计领域，这个问题更为复杂。例如，当设计师使用 AI 工具生成初步方案，再基于这些方案进行深度创作时，最终作品的原创性如何认定？这需要在实践中不断探索和完善相关标准。

9.1.2　AIGC 生成内容的知识产权归属

即便 AIGC 生成的内容被认定为作品，其知识产权归属仍存在争议。AIGC 创作通常涉及算法设计者、数据提供者、内容生成平台、最终用户等多方主体，产权边界模糊。

有观点主张，AIGC 生成内容的版权应归属算法工程师，因为算法是内容生成的核心驱动力。也有观点认为，数据提供者对作品的生成功不可没，应享有一定的权益分成。还有观点指出，平台方搭建了创作生态并制定了生成规则，对作品的产生有实质性影响，理应分享权益。此外，最终用户参与提示词等创意关键词的输入，对作品也有一定贡献，也应获得权益回报。

在设计实践中，这个问题可能更加复杂。例如，设计师使用 AI 工具生成 logo 时，最终的版权归属需要在法律和实践中寻找平衡点。

9.1.3　AIGC 版权保护的法律探索

面对 AI 给知识产权制度带来的挑战，我们需要在产业实践中积极探索，完善 AIGC 领域的知识产权制度。首先，要在促进创新和保护创作者利益间寻求平衡，兼顾激励创新与防止垄断。其次，要明确算法、数据、平台、用户等多元主体的权益边界，探索利益分享机制。再次，要坚持鼓励创新、促进传播的导向，防止过度保护阻碍 AIGC 发展。最后，还要建立信息公示和行为归责机制，确保创作全流程的可追溯、可问责。

9.1.4　AIGC 版权保护的伦理考量

AIGC 版权保护不仅涉及法律，还需要考虑道德伦理因素。作为从业者，应恪守学术诚信，尊重他人知识产权。要增强数据伦理意识，避免未经授权使用他人数据训练模型。同时，要以负责任的态度对待 AIGC 创新，防止算法放大社会偏见。积极参与 AIGC 领域的伦理规则制定，推动行业自律也很重要。

在设计教育中,应将这些法律和伦理问题纳入课程体系,培养学生在使用 AIGC 工具时的法律意识和道德判断能力。同时,鼓励学生参与 AIGC 相关法律和伦理规则的讨论,为未来的发展贡献智慧。

9.2　数据隐私与安全：AI 创作的伦理问题

在 AIGC 驱动内容创作的浪潮下,海量数据成为算法训练的基础。然而,对个人数据的大规模采集、加工、利用,也给数据主体的隐私权益保护带来新的挑战。本节将探讨 AIGC 发展中的数据隐私与安全问题,分析其面临的伦理困境,并提出可能的解决方案。

9.2.1　AIGC 训练数据的合规性挑战

AIGC 模型的训练需要海量的文本、图像数据。然而,互联网数据的来源复杂,其中不乏个人隐私信息、敏感数据。一些 AIGC 企业为追求效果,并未对训练数据进行充分的筛选和脱敏。这种做法违背了"合法、正当、必要"的数据处理原则,给个人信息保护埋下隐患。

为解决这一问题,AIGC 企业必须严格遵守数据合规要求,对训练数据进行全面评估,剔除隐私信息,并制定严格的数据治理政策。首先,企业应建立完善的数据源审核机制,确保数据来源的合法性。这包括获取数据的合法授权,以及对数据提供方资质的严格审核。其次,企业需要实施全面的数据脱敏处理,去除可能涉及个人隐私的信息。这不仅包括直接标识个人身份的信息,还包括可能通过关联推断出个人身份的间接信息。

此外,AIGC 企业还应制定详细的数据使用规范,明确数据处理的目的和范围。这些规范应该覆盖数据的采集、存储、使用、传输和销毁等全生命周期,确保每一个环节都符合隐私保护的要求。同时,企业需要定期开展数据合规培训,提高员工的隐私保护意识。这种培训不应仅限于技术人员,而应覆盖到所有可能接触用户数据的员工,包括市场、客服等部门。

9.2.2　AIGC 内容生成中的隐私泄露风险

AIGC 生成的内容可能隐含个人隐私信息。一些敏感数据还可能被"留痕",在生成内容中无意泄露。更严重的是,不法分子可能利用 AIGC 系统故意生成特定人物的隐私信息,用于非法目的。这种风险不仅存在于文本生成中,在图像、音频、视频等多模态内容生成中同样存在。

为降低这类风险,AIGC 企业应采取多重防护措施。首先,企业需要完善内容审核机制,及时发现和处置涉隐私风险内容。这种审核机制应该结合人工智能技术和人工审核,既能高效处理大量内容,又能准确识别复杂情况下的隐私风险。其次,在系统设计中应嵌入隐私保护机制,如差分隐私技术。这种技术可以在保证数据分析结果准确性的同时,有效防止个人信息的泄露。

此外,AIGC 企业可以考虑利用联盟合作等方式,在保护个人隐私的前提下开展数据利用。联盟合作允许多方在不共享原始数据的情况下共同训练模型,极大地降低了数据泄露的风险。同时,企业还应加强对用户的隐私保护教育,提高使用 AIGC 工具时的安全意识。这可以通过用户界面提示、隐私政策说明、安全使用指南等多种形式来实现。

9.2.3　算法偏见与群体隐私保护

AIGC 系统基于有偏数据训练而成,往往会放大性别、种族等固有偏见。其生成内容可能针对特定群体形成"刻板印象",侵害群体隐私。这一问题不仅涉及个人隐私,还关系到社会公平与正义。例如,一个基于历史数据训练的 AIGC 系统可能会在生成职业描述时,将某些职业与特定性别或种族过度关联,从而强化社会中已存在的不平等。

为解决这一问题,AIGC 企业需要从多个层面入手。首先,应加强 AIGC 全流程的反歧视审查。这包括对训练数据、模型结构、生成结果等各个环节的审查,确保不存在明显的偏见。其次,对训练数据进行去偏处理,纠正数据中的系统偏差。这可能需要有意识地平衡不同群体在数据集中的表示,或者引入反偏见的数据增强技术。

在模型设计中,应该融入反歧视评估机制。这可以通过设置特定的评估指标,或者引入专门的反偏见模块来实现。同时,AIGC 企业还应该加强伦理意识培养,让反偏见、保隐私成为从业者的自觉追求。这需要企业建立完善的伦理培训体系,将伦理考量融入日常工作中。

9.2.4　AIGC 隐私保护的法律与伦理框架

面对 AIGC 带来的隐私挑战,需要建立健全的法律和伦理框架。在法律层面,应加快 AIGC 领域的立法进程,明确数据采集、使用、流转各环节的行为边界。这些法规应该考虑到 AIGC 技术的特殊性,如模型训练过程中的数据使用、生成内容的责任归属等问题。同时,还需要考虑如何平衡隐私保护与技术创新,避免过度限制阻碍 AIGC 技术的发展。

在伦理层面,AIGC 企业应树立"隐私至上"的理念,将个人信息保护内化为行动自觉。这需要企业建立完善的隐私保护内控机制,包括隐私影响评估、数据泄露应急预案等。同时,企业应该定期开展 AIGC 从业人员的伦理培训,提高员工的隐私保护意识和伦理决策能力。

此外,还应鼓励开发隐私增强技术,探索数据利用新模式。例如,同态加密、安全多方计算等技术可以在保护数据隐私的同时,实现数据的有效利用。政府和行业协会可以通过设立专项基金、组织技术竞赛等方式,推动这些技术的研发和应用。

9.3　伦理与法律的探讨：AI 艺术的真实性与价值

随着 AIGC 在艺术领域的应用日益深入,一系列前沿作品应运而生,在画作、音乐、文学等领域掀起轩然大波。然而,这些 AI 生成作品的艺术属性却引发了巨大争议。本节将深入探讨 AI 艺术的真实性与价值,并分析其中涉及的伦理与法律问题。

9.3.1　AI 艺术真实性的判定

　　AI 艺术真实性的判定标准尚不明晰。在人类艺术创作中，艺术家的主体能动性至关重要。艺术源于艺术家的构思和手艺，蕴含着创作主体独特的情感、审美、世界观。然而，AI 生成艺术作品往往依赖对训练数据的模式学习，其创作逻辑更多源于算法模型，而非人的主观能动性。

　　有观点认为，AI 只能生成"赝品"，而非真正的艺术品。这种观点强调，真正的艺术应该反映创作者的独特视角和情感体验，而 AI 缺乏这种能力。然而，也有人指出，艺术创作从来就是借鉴与融合的过程，AI 艺术虽源于模仿，但其生成路径体现了独特性，一定程度上也呈现了"机器审美"。

　　在设计领域，这个问题尤为复杂。例如，当 AI 生成一个 logo 设计时，我们如何判断这个设计的"真实性"？是否应该将其视为与人类设计师创作的 logo 具有同等艺术价值？这些问题需要我们在实践中不断探索和思考。

9.3.2　AI 艺术价值的评判

　　AI 艺术价值的评判充满了不确定性。艺术价值既源于作品的美学形式，又寄托了艺术家的情感表达。然而，AI 艺术在形式和内涵两个层面都引发了诸多质疑。

　　在形式层面，AI 生成作品往往呈现出某种程式化和同质化特征，其视觉冲击力和原创性不足，难以形成震撼人心的艺术张力。在内涵层面，AI 作为没有真实情感的机器，其创作缺乏人性深度，难以传达艺术家的主观感受和世界洞察。

　　我们也应该用发展的眼光看待 AI 艺术。随着智能技术的深化，AI 或将掌握更加细腻、立体的艺术表现力。在人机协同的创作模式中，AI 艺术或将实现情感表达与美学呈现的交响，成为数字时代艺术创新的新可能。

9.3.3　AI 艺术的伦理忧虑

　　人工智能对艺术创作的介入，引发了诸多伦理忧虑。有人担心，AI 艺术的泛滥会侵蚀人类艺术创作的生存空间，加剧艺术就业市场的失衡。过度依赖 AI 工具，也可能弱化人类艺术家的创造力。AI 艺术的同质化问题，更可能带来审美趣味和文化生活的单一化。

　　对此，AIGC 领域要高度重视艺术伦理，加强人文引导，防止 AI 工具对艺术创作的过度干预。要明确 AI 在艺术创作中的"辅助"定位，确保人类艺术家的主导权。在产业层面，要积极应对就业结构调整，加强艺术从业者的技能培训，助其实现角色升级。

9.3.4　AI 艺术的法律问题

　　AI 艺术的发展也带来了一系列法律问题。首要的是版权问题：AI 生成的艺术作品，其版权应该归属于谁？是 AI 系统的开发者，还是使用 AI 工具的人？又或者 AI 生成的作品根本不应该受到版权保护？

　　此外，还有侵权问题。如果 AI 系统在生成过程中使用了受版权保护的作品作为训练数据,那么生成的作品是否构成侵权?这些问题都需要法律界给出明确的解答。

在设计领域,这些问题尤为重要。例如,当设计师使用 AI 工具生成设计方案时,如何确保最终作品不侵犯他人知识产权?设计教育应该怎样培养学生在使用 AI 工具时的法律意识?这些都是我们需要深入思考的问题。

9.4 监管框架与行业自律: AI 创作的未来发展

随着 AIGC 在内容生产领域的广泛应用,其创新活力与潜在风险同步凸显。版权归属、内容审核、数据隐私等问题横亘在 AIGC 发展面前,成为掣肘产业进步的"绊脚石"。本节将探讨 AIGC 领域的法律监管和行业自律问题,分析其面临的挑战,并提出可能的解决方案。

9.4.1 AIGC 专项立法进程

由于 AI 生成内容在生产、传播、消费等环节呈现出诸多新特点,传统法律对其规制往往力有不逮。为此,各国纷纷加快推进 AIGC 治理的专门立法。欧盟发布的《人工智能法案》对 AI 系统提出分级分类监管要求,为全球 AI 立法提供了重要参考。该法案根据 AI 应用的风险程度,将其分为不可接受风险、高风险、有限风险和最小风险四个等级,并针对不同等级制定相应的监管措施。这种分级监管的思路为 AIGC 的法律规制提供了新的视角。

我国也将 AIGC 纳入数字经济发展规划,出台专项政策加强引导。例如,国家互联网信息办公室发布的《生成式人工智能服务管理暂行办法》,明确了 AIGC 服务提供者的主体责任,要求其建立健全算法机制审核、用户注册、信息安全等管理制度。

未来,AIGC 立法应重点关注明晰 AI 生成内容的权属认定、确立违法违规内容的归责原则、坚持风险导向针对典型问题提供有针对性的法律供给、强化法律的适用性和弹性以适应技术迭代,以及加强跨部门、跨区域的协同监管。这些方面的立法努力将为 AIGC 的健康发展提供重要的法律保障。

在设计领域,AIGC 相关法律知识的掌握变得尤为重要。通过案例分析、模拟实践等方式,可以深入理解 AIGC 相关法律法规,为未来在 AIGC 领域的工作奠定坚实的法律基础。

9.4.2 AIGC 行业自律的重要性

作为一项颠覆性技术,AIGC 发展尚处在探索期,很多问题尚无定论。在政府监管的同时,行业自律可发挥"补位"作用,以更加灵活、精准的方式规范市场秩序。AIGC 企业应该建立行业性的自律公约,明确从业者的伦理操守。例如,承诺不利用 AIGC 技术制作虚假信息或侵犯他人隐私。同时,企业还应完善内容审核和版权保护机制,筑牢 AIGC 内容生产的"防火墙"。这可能包括建立 AI 生成内容的审核标准,以及版权溯源系统。

此外,建立健全数据隐私保护制度,树立行业数据安全的"风向标"也至关重要。企业可以实施数据最小化原则,只收集必要的用户数据,以此保护用户隐私。行业协会应该发挥桥梁纽带作用,加强行业内外的沟通协作,积极开展 AIGC 伦理研究,为产业发展提供智力支持。

在设计实践中,职业道德和社会责任感的培养尤为重要。理解行业自律的重要性,并在未来的职业生涯中践行这些原则,将成为设计师的必备素质。通过参与讲座、工作坊等活动,可以深入了解 AIGC 行业自律的实践经验,为未来的职业发展做好准备。

9.4.3　多元主体参与 AIGC 治理

AIGC 已成为数字经济的新引擎,其治理需要政府、企业、学界、公众等多元力量的协同发力。AIGC 企业应该保持开放心态,主动接受社会监督,畅通用户投诉渠道,及时回应公众诉求。定期发布透明报告,客观披露 AIGC 系统的运行情况,也是企业应尽的社会责任。

学界应该加强 AIGC 伦理研究,为产业发展提供前瞻性思考。结合技术发展和产业应用,动态调整治理策略,避免"一刀切"。公众也要增强数字素养,成为 AIGC 治理的积极参与者。作为内容生产者和消费者,公众要增强责任意识,抵制滥用 AIGC 危害他人、污染网络生态的行为。

在设计领域,批判性思维和社会责任感的培养至关重要。在使用 AIGC 工具时,始终保持对技术影响的清醒认识,是未来设计师的必备素质。跨学科合作项目可以帮助设计专业人士与法律、伦理、社会学等领域的专家共同探讨 AIGC 的社会影响和治理问题,培养跨学科思维和全局视野。

9.5　设计师的责任：在 AI 时代保持创作的独特性和价值

进入 AI 时代,智能技术正以前所未有的广度和深度介入艺术创作。AIGC 在文字、图像、音视频等领域大显身手,催生了一大批机器辅助甚至全机器自主生成的艺术作品。然而,艺术创作中人的主体地位和不可替代性,正受到前所未有的挑战。本节将探讨设计师如何在 AI 时代保持创作的独特性和价值。

9.5.1　以包容审慎的心态拥抱 AI 艺术

艺术创新从来不是一蹴而就,而是在传承中砥砺、在融合中升华。从双线透视、照相机诞生,到电子音乐、数字影像兴起,历史一再证明科技是艺术进步的重要推手。当下,AI 正以更大的想象力撬动艺术的变革。

设计师应秉持开放心态,主动思考如何用好 AIGC 工具,让科技为艺术探索插上腾飞的翅膀。在人机协同中,设计师可借助 AI 快速生成灵感,拓宽创作元素库,打破思维定式。利用 AI 进行色彩匹配、构图优化,可极大提升创作效率。AI 还能帮助设计师更好地洞察观众反馈,优化作品呈现。

例如,在平面设计中,AI 可以根据设计师提供的关键词和风格要求,快速生成多个初步设计方案。设计师可以从中选择最符合创意的方案,进行进一步的优化和调整。这种方式不仅能提高设计效率,还能激发设计师的创意思维。

9.5.2 发扬人独有的创造力

从本质上说,艺术源于人的精神需求,传达着人独特的情感体验和价值观念。这种立足主体性的创造是机器难以企及的。即便 AI 能模仿出酷似人手的作品,其内在却是机械算法的复现,缺乏人性的温度。

设计师要自觉扛起捍卫艺术人文性的大旗,发挥人的主观能动性,在创作中注入更多感性体验和人文关怀。要从现实生活汲取养分,用丰富的阅历涵养作品的深度。同时,还要勇于突破 AI 固有的模式化思维,以独特的艺术视角对现实和未来作出洞见。

在产品设计领域,尽管 AI 可以根据大数据分析生成符合用户需求的设计方案,但只有设计师才能真正理解用户的情感需求,设计出既实用又能引起情感共鸣的产品。设计师应该充分利用自己的同理心和创造力,在 AI 辅助下创造出更具人文关怀的设计作品。

9.5.3 对 AIGC 潜在风险保持警惕

当前,AIGC 领域乱象丛生,版权侵权、内容失实、价值观偏差等问题令人忧虑。面对 AIGC 的"狂飙突进",设计师要坚守伦理操守,杜绝借助 AI 谋利、侵权的行为。

在创作中,要尊重他人知识产权,坚决抵制用 AIGC 批量"克隆"他人作品的侵权行为。要以负责的态度面对 AI 生成内容,防止虚假、有害信息的传播。更要保持文化自觉,坚守艺术的人文初心。

例如,在使用 AI 生成图像时,设计师应该确保所使用的训练数据不侵犯他人版权。同时,对 AI 生成的内容进行严格审核,确保不含有不当或有害信息。在这个过程中,设计师的专业判断和道德标准显得尤为重要。

9.5.4 坚守艺术的人文初心

AIGC 异军突起,催生了快餐式的标准化内容。设计师要从容自信,相信人性的复杂性终将超越机器的模式化生产。要在创作中坚持以人为本,用更加丰富、立体的艺术表达彰显人的尊严。在精神领域,做思想自由的引领者、人性尊严的守护者。

在环境设计中,AI 可能会根据功能需求和空间参数生成高效的设计方案。但只有设计师才能真正理解空间对人的情感影响,创造出既实用又富有人文气息的环境。设计师应该利用自己对人性的理解,在 AI 生成的基础上进行创造性的改进,使设计作品更加贴近人性需求。

本章小结

本章深入探讨了 AIGC 应用中的法律与伦理问题,展现了人工智能如何挑战传统的法律框架和伦理观念。从版权保护到数据安全,从艺术真实性到行业监管,我们见证了一场关于科技与人文的深刻对话。

在版权问题方面,我们剖析了 AIGC 生成内容的知识产权归属难题。从原创性认定到权益分配,从侵权认定到法律保护,这些问题不仅考验着法律的适应性,更挑战着我们对创作本质的理解。特别值得注意的是，我们需要在保护创新与促进传播之间找到平衡点。

在数据隐私与安全方面，我们探讨了 AI 训练数据的合规性、内容生成中的隐私风险，以及算法偏见带来的群体隐私保护问题。这提醒我们在使用 AIGC 工具时必须恪守数据伦理，确保个人信息得到充分保护。

在艺术价值领域，我们深入分析了 AI 艺术的真实性与价值判断标准。从艺术本质到创作主体，从价值评判到伦理考量，这些讨论帮助我们更好地理解 AI 在艺术创作中的定位和局限。

对于设计师的责任，我们强调了在 AI 时代保持创作独特性和价值的重要性。设计师应该以包容审慎的态度拥抱 AI 技术，同时坚守艺术的人文本质，在人机协作中创造真正有价值的作品。

练习与思考

（1）制定一份"AIGC 创作伦理准则"。结合实际案例，编写适用于设计团队的 AIGC 使用规范，涵盖版权保护、隐私保护、内容审核等方面。准则应具有可操作性和实用价值。

（2）探讨"AIGC 发展中的伦理困境"。分析 AI 创作中面临的主要伦理问题，如版权归属、数据隐私、创作真实性等。思考如何在推动技术创新的同时确保伦理边界。

结 语

迈向人机协创的未来

历经 9 章的探索，我们从宏观和微观、理论和实践等多个维度，对 AIGC 这一前沿话题进行了全面而深入的剖析。从基础理念到实践应用，从创作工具到伦理法规，AIGC 在设计领域掀起的变革浪潮可谓波澜壮阔。这场由算法驱动的"智能革命"，正在重塑创意设计的方方面面，为设计师带来前所未有的机遇与挑战。

在技术层面，AIGC 为设计师提供了强大的创作工具。从文本生成到图像创作，从音频处理到视频制作，AI 正在成为设计师得力的创意助手。这些工具不仅提高了设计效率，更为创意表达开辟了新的可能性空间。特别是在跨媒体创作方面，AIGC 展现出令人瞩目的融合创新能力。

在应用层面，AIGC 重构了设计思维和工作流程。设计师可以借助 AI 快速进行方案生成和创意探索，将更多精力投入到创意构思和用户体验优化中。从品牌设计到游戏开发，从智能营销到教育创新，AIGC 正在各个领域展现其变革性力量。

然而，在拥抱技术变革的同时，我们也需要直面 AIGC 带来的诸多挑战。在法律层面，版权归属、数据隐私等问题亟待解决。在伦理层面，AI 艺术的真实性、创作的独特性等议题引发深度思考。这提醒我们，技术进步必须以人文关怀为基石，以伦理道德为指南。

作为未来的设计师，我们应该以开放包容的心态拥抱 AIGC，同时保持清醒的认知。一方面，要积极学习和掌握新的 AIGC 工具，提升技术应用能力；另一方面，要坚守设计的人文本质，在人机协作中保持创作的独特性和价值。我们既要成为技术的熟练使用者，更要做创新的引领者和人文价值的守护者。

参 考 文 献

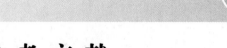

[1] 董占军,顾群业,李广福,等.人工智能设计概论[M].北京:清华大学出版社,2024.

[2] 曾文权,王任之.生成式人工智能素养[M].北京:清华大学出版社,2024.

[3] 吴卓浩.AI创造力:智能产品设计与研究[M].北京:清华大学出版社,2024.

扩 展 名 词

1. AIGC(AI generated content)：人工智能生成内容，指由 AI 自动创建的文字、图像、音频、视频等多媒体内容。

2. 生成式 AI(generative AI)：能够创造新内容的 AI 系统，通过学习大量数据来生成原创的文本、图像、音乐等。

3. 深度学习(deep learning)：机器学习的一个分支，使用多层神经网络来模拟人脑的学习过程，是许多 AIGC 模型的基础。

4. 神经网络(neural networks)：一种模仿生物神经系统的计算模型，是深度学习的核心组成部分。

5. 生成对抗网络(generative adversarial networks，GAN)：一种生成模型架构，由生成器和判别器两个相互竞争的神经网络组成，广泛用于图像生成。

6. Transformer：一种基于自注意力机制的神经网络架构，最初用于自然语言处理，现在广泛应用于各种 AIGC 任务。

7. 扩散模型(diffusion models)：通过模拟噪声添加和去除过程生成高质量内容的技术，如 Stable Diffusion。

8. 大语言模型(large language models，LLM)：经过海量文本数据训练的大规模语言模型，如 GPT-3、GPT-4，用于文本生成和理解。

9. 提示工程(prompt engineering)：设计和优化输入提示以引导 AI 模型生成所需内容的技术。

10. 文本到图像生成(text-to-image generation)：根据文本描述自动生成相应图像的技术，如 DALL-E、Midjourney。

11. 风格迁移(style transfer)：将一个图像的视觉风格应用到另一个图像上的技术。

12. 图像修复(image inpainting)：填补图像中缺失或损坏部分的技术。

13. 超分辨率(super-resolution)：从低分辨率图像生成高分辨率图像的技术。

14. 语音合成(speech synthesis)：将文本转换为人类可理解的语音的技术，也称为文本到语音(TTS)。

15. 音乐生成(music generation)：自动创作原创音乐作品的 AI 技术。

16. 视频生成(video generation)：生成连续的、视觉上连贯的图像序列，用于创建动画、视频特效等。

17. 跨模态生成(cross-modal generation)：在不同类型的数据之间进行转换或生成的技术，如文本到图像、图像到文本。

18. 人工智能辅助设计（AI-assisted design）：利用 AI 技术辅助设计过程的各个环节，包括创意生成、方案优化、效果预览等。

19. 神经渲染（neural rendering）：使用神经网络模拟或增强传统渲染过程的技术，用于生成逼真的 3D 场景。

20. 生成式设计（generative design）：利用 AI 算法自动生成多个设计方案的方法，广泛应用于产品和建筑设计。

21. 参数化设计（parametric design）：通过定义参数和它们之间的关系生成设计的方法，常与 AI 生成算法结合使用。

22. 拓扑优化（Topology optimization）：在给定设计空间和约束条件下优化材料布局的数学方法，用于产品设计。

23. 神经风格转移（neural style transfer）：使用神经网络将一个图像的艺术风格应用到另一个图像上的 AI 技术。

24. 条件生成对抗网络（conditional generative adversarial networks，cGAN）：GAN 的变体，允许在生成过程中加入额外的条件信息，用于生成满足特定条件的设计方案。

25. 潜在空间插值（latent space interpolation）：在生成模型的潜在空间中进行线性插值，创造平滑过渡的设计变体。

26. 神经网络架构搜索（neural architecture search，NAS）：自动设计神经网络架构的技术，用于优化 AIGC 模型结构。

27. 注意力机制（attention mechanism）：允许模型在处理输入时动态关注不同部分的深度学习技术。

28. 多模态学习（multimodal learning）：AI 系统处理和整合多种不同类型数据（如文本、图像、音频）的能力。

29. 神经辐射场（neural radiance fields，NeRF）：用于表示和渲染 3D 场景的神经网络模型，可创建高质量的 3D 虚拟展示。

30. 程序化生成（Procedural Generation）：使用算法自动创建内容的方法，用于生成复杂的纹理、地形、建筑结构等。

31. 语义分割（semantic segmentation）：将图像中的每个像素分类到特定语义类别的计算机视觉任务。

32. 图神经网络（graph neural networks，GNN）：能够处理图结构数据的深度学习模型，用于分析和生成复杂的设计结构。

33. 循环神经网络（recurrent neural networks，RNN）：用于处理序列数据的神经网络，在 AIGC 中用于生成时序相关的设计。

34. 变分自编码器（variational autoencoders，VAE）：一种生成模型，能够学习数据的压缩表示并生成新样本，用于探索设计空间。

35. 强化学习（reinforcement learning）：通过与环境交互学习最优策略的机器学习方法，用于优化设计过程。

36. 知识图谱（knowledge graph）：一种结构化的知识表示方式，用于构建设计知识库，辅助设计决策和创意生成。

37．神经符号系统（neural-symbolic systems）：结合神经网络的学习能力和符号系统的推理能力，用于生成结构化和可解释的设计方案。

38．对比学习（contrastive learning）：一种自监督学习方法，通过学习区分相似和不相似的样本对来提高模型对设计特征的理解能力。